Die

Deutsch-Ostafrikanische Centralbahn.

Von

Wilhelm Oechelhaeuser.

Mit einer Uebersichtskarte.

Berlin.
Verlag von Julius Springer.
1899.

ISBN-13: 978-3-642-90209-3 e-ISBN-13: 978-3-642-92066-0
DOI: 10.1007/978-3-642-92066-0
Softcover reprint of the hardcover 1st edition 1899

Vorwort.

Die Entwickelungsgeschichte des Eisenbahnbaues in Deutsch-Ostafrika ist untrennbar mit der Geschichte der Deutsch-Ostafrikanischen Gesellschaft verbunden. Um deren Verdienste auf diesem Gebiete zur Anerkennung zu bringen und meine eigene Stellung zu der Eisenbahnfrage klar zu legen, kann ich nicht umhin, mich in der Kürze auch mit der Entwickelungsgeschichte dieser grössten und wichtigsten von unseren Kolonial-Gesellschaften zu beschäftigen.

Am 19. November 1886 wurde ich, im Auftrage des Reichskanzlers Fürsten Bismarck, mündlich durch den Geheimen Legationsrat Dr. Kayser und einige Tage später schriftlich durch den Grafen Rantzau aufgefordert, meine Thätigkeit der Begründung einer lebensfähigen Deutsch-Ostafrikanischen Gesellschaft zuzuwenden. Die Kommandit-Gesellschaft, Carl Peters & Genossen, war zwar schon, mit gleichen Zielen, anderthalb Jahre früher, am 2. April 1885 gegründet und ihr die Rechte aus dem, ursprünglich den Herren Dr. Carl Peters und Grafen Behr-Bandelin, als Vorsitzende der Gesellschaft für deutsche Kolonisation, ausgestellten Kaiserlichen Schutzbrief vom 27. Februar 1885 übertragen worden. Allein trotz des hochherzigen Vorgehens des um die Einleitung unserer Kolonialbestrebungen hochverdienten Herrn Karl von der Heydt mit einer sehr bedeutenden Zeichnung, rückte die Bildung einer finanzkräftigen Gesellschaft, welche in der Lage gewesen wäre, gleichsam die Regierung von Deutsch-Ostafrika in die Hand zu nehmen und sich dabei nutzbringend zu entwickeln, nicht vom Fleck. Seitens des Fürsten Bismarck wurde aber, um einem Fiasko der eben erst eingeleiteten Kolonialbestrebungen vorzubeugen und seinen politischen Einfluss England gegenüber nicht schmälern zu lassen, ein solcher Wert auf die Durchführung des Planes gelegt, dass uns sogar durch Vermittelung der Seehandlung eine Beteiligung S. M. des Kaisers Wilhelm von $^1/_2$ Million Mark zugesagt wurde, falls die Bildung einer soliden Gesellschaft gelänge.

Auf die erwähnte Aufforderung hin legte ich am 4. Dezember 1886 dem auswärtigen Amte ein Programm vor, welches die von vielen Seiten in den Vordergrund geschobene Konstituierung einer Regierungsmaschinerie mehr als eine lästige und bedenkliche Zugabe behandelte, vor der spezifischen Geltendmachung von Hoheitsrechten, die wir doch nicht zu behaupten vermöchten, warnte, und die Zwecke und Ziele nur auf das wirtschaftliche Gebiet zu beschränken anriet, also gerade auf den Weg verwies, worauf die Macht der Ereignisse die Gesellschaft einige Jahre später von selbst hingedrängt und beschränkt hat.

Wenn von nun an die Gesellschaftsbildung ein rascheres Tempo einschlug und schon nach kaum vier Monaten, am 26. Februar 1887, zur Konstituierung der bestehenden Deutsch-Ostafrikanischen Gesellschaft, mit einem Kapital von 3,727,600 Mark führte, so bin ich weit entfernt, hierbei für mich ein weiteres Verdienst über die pflichtmässige Mitarbeit hinaus zu beanspruchen, als dass es mir von vornherein gelang, den leider zu früh verstorbenen Geheimen Kommerzienrat Delbrück zum Eintritt in diese Bestrebungen zu bewegen, in ihm die Überzeugung von der Wichtigkeit unserer kolonialen Aufgaben zu erwecken. Nur Delbrück allein, seinem Ruf als Finanzmann, seiner grossen kaufmännischen Erfahrung, seiner fast rücksichtslosen Energie in Wegräumung der zahlreichen sachlichen, persönlichen und rechtlichen Hindernisse, war das rasche Zustandekommen der Deutsch-Ostafrikanischen Gesellschaft zu verdanken.

Die Eisenbahnfrage für Ostafrika hat mich vom ersten Augenblick meines Eintritts in den Direktionsrat an beschäftigt, wenn auch zunächst nur im Gebiete der frommen Wünsche und der Vorstudien. Auch Dr. Peters fasste sie schon sehr früh ins Auge. Die Überzeugung, dass ohne Eisenbahnen heutzutage jede wirtschaftliche, und im Bereiche wilder Völkerschaften auch jede politische und civilisatorische Entwickelung undenkbar sei, teilten überhaupt von Anfang an mit mir alle leitenden Persönlichkeiten der Deutsch-Ostafrikanischen Gesellschaft, insbesondere auch der Vorsitzende, Herr von der Heydt. Nur unsere Richtungen gingen auseinander. Meinungsverschiedenheiten über die Centralbahnfrage, die ich vom ersten Augenblick an ins Auge gefasst hatte, waren es denn auch, welche uns später sachlich entzweiten und mich nach langjähriger Mitarbeit zum Austritt aus dem Aufsichtsrat veranlassten.

Die im Frühjahr 1887 begonnene Thätigkeit der Gesellschaft, welcher der Vertrag mit dem Sultan von Zanzibar vom 28. April 1888 Eigentumsrechte über den ihm gehörigen Küstenstrich und sehr vorteilhafte Zugeständnisse hinsichtlich der Zollerhebung eingeräumt hatte, ward sehr bald durch den schon im September desselben Jahres ausbrechenden Araberaufstand unterbrochen. Vor Beginn desselben hatte die Gesellschaft aber bereits durch den am 9. April 1887 in ihre Dienste getretenen Geometer von Hacke Rekognoscierungen bezüglich einer künftigen Eisenbahn nach dem Innern in Angriff nehmen lassen und hierauf die Summe von 33,228 Mark verwandt. Sie beteiligte sich auch, bald nach der durch den tapferen und umsichtigen Hauptmann Wissmann bewirkten Niederwerfung des Aufstandes, im Jahre 1889, an Vermessungen für eine Verbindungsbahn zwischen Bagamoyo und Dar-es-Salâm, welche ein Konsortium unter Führung der Bayerischen Vereinsbank, vornämlich auf Anregung des Freiherrn von Gravenreuth, vornehmen liess. Es waren dies die ersten Schritte in der Richtung des ostafrikanischen Eisenbahnbaues, die allerdings zunächst erfolglos blieben und auch keine brauchbaren Unterlagen für die späteren Forschungen lieferten.

Auf mein stetes Drängen zu positivem Vorgehen in der Eisenbahnfrage wurde nun, unter meinem Vorsitz, am 5. März 1891 eine Konferenz der bedeutendsten Afrikaforscher einberufen, von der in den nachfolgenden Mitteilungen (S. 6 und 37) noch die Rede sein wird. Die stenographisch aufgenommenen Verhandlungen, an denen auch als Reichskommissar Geheime Legationsrat Rettich teil nahm, ergaben das entschiedenste Votum dieser autoritativen Versammlung für eine Centralbahn von Dar-es-Salâm und Bagamoyo nach den beiden grossen Seen Victoria Nyanza und Tanganyka. Seit jenem Tage verfolge ich unentwegt dieses Projekt, als eine Lebensfrage unserer ostafrikanischen Kolonialpolitik.

Die Konferenz empfahl ferner die Aufschliessung des fruchtbaren Plantagenlandes Usambara durch eine Bahn von Tanga in der Richtung nach dem Kilimandscharo, deren Wichtigkeit eine geringere, deren Durchführungsmöglichkeit dagegen eine grössere war. Niemand konnte sich nämlich damals eine Illusion darüber machen, dass trotz des in der Reichstagsrede des Fürsten Bismarck vom 26. Januar 1889 offen dargelegten, und mit dem Aufstand in Ostafrika in Verbindung stehenden Umschwungs*) in seinen Ansichten über die Kolonialfragen,

*) Auf das Lebhafteste bleibt mir hierbei in der Erinnerung der 19. Januar 1889, an welchem Tage im Bundeskanzlerpalais eine Konferenz mit dem damaligen Referenten in Kolonialsachen, Geheimrat Dr. Krauel, und dem zur Niederwerfung des Araberaufstandes ausersehenen Hauptmann Wissmann stattfand, zu der Fürst Bismarck aus dem Reichstage Herrn von Bennigsen und mich zugezogen hatte, um über die Taktik in Begründung und Verteidigung der Vorlage zu beraten, wodurch ein Kredit von 2 Millionen vom Reichstag „für Bekämpfung des Sklavenhandels und Schutz der deutschen Interessen in Ostafrika“ verlangt werden sollte. Fürst Bismarck lag dabei die Rettung der Deutsch-Ostafrikanischen Gesellschaft, der Besitzerin des festländischen Dominiums des Sultans von Zanzibar und Inhaberin der Zollverwaltung, aus politischen Gründen sehr am Herzen. Allein die Abneigung gegen jede Aufwendung von Reichsmitteln für wirtschaftliche Kolonialinteressen war damals noch so gross, dass von Seiten Windhorsts und des Centrums die Zustimmung zur Vorlage an die Bedingung geknüpft wurde, das Gesetz lediglich mit den in der Überschrift bezeichneten Zwecken zu begründen und jede Hinweisung auf die Interessen der Deutsch-Ostafrikanischen Gesellschaft zu vermeiden. Diese Abneigung ging so weit, dass sogar in der Kommission

die Zeit noch sehr ferne läge, wo der Reichstag Gelder für Eisenbahnbauten in den Kolonien bewilligen werde; dies ist in der That auch erst 8 Jahre später, im Jahre 1897, zu Gunsten einer südwestafrikanischen Kleinbahn erreicht worden.

Entschlossen, in der Eisenbahnfrage entscheidende Schritte zu thun, konnte auch ich mich nur der Ansicht anschliessen, dass zur Zeit, es war im Jahre 1891, und ohne Aussicht auf Beihilfe des Grosskapitals, eine Agitation für das grosse Projekt der Centralbahn verfrüht und hoffnungslos sei und weder bei der Regierung noch dem Reichstage auf Unterstützung durch Zinsgarantie oder Selbstübernahme des Baues zu rechnen habe. Ich schloss mich daher den Bemühungen der Herren von der Heydt und Kommerzienrat Lucas, denen die Schöpfung der Usambarabahn zu danken ist, trotz der Bedenken gegen die verhältnismässig hohen Kosten an, nachdem die auf meine Anregung angestellten Untersuchungen, ob nicht eine billig herzustellende Seilbahn den Zweck erfüllen könne, zu einem negativen Resultat geführt hatten.

Es war jedenfalls ein kühner, aber desto anerkennenswerterer Schritt Seitens der Gesellschaft, ohne Zinsgarantie und blos auf Grund der von der Regierung allerdings reichlich gewährten Landkonzessionen und günstiger Konzessionsbedingungen in das Wagestück des ersten Eisenbahnbaues in Deutsch-Ostafrika einzutreten. Die Konzessionsurkunde der Usambaragesellschaft für eine Bahn von Tanga nach Korogwe mit einem Kapital von 2 Millionen Mark datiert vom 22. November 1891. Wie bei der Unkenntnis der dortigen Verhält-

---

in § 2 des am 22. Januar 1889 eingebrachten Gesetzentwurfs, der unschuldige Passus gestrichen werden musste, welcher dem Reichskommissar die dem Reichskanzler zustehenden Rechte über die Deutsch-Ostafrikanische Gesellschaft übertrug. Bei der ersten Beratung dieses Gesetzentwurfs, am 26. Januar 1889, war es denn auch, dass Fürst Bismarck die folgenschwere Erklärung abgab, das frühere, in seiner Rede vom 26. Juni 1884 entwickelte Programm des blossen „Reichschutzes für selbständige kaufmännische Unternehmungen“ aufgeben, und künftig eine Kolonialpolitik im Sinne der seitdem stattgehabten Entwickelung an dessen Stelle setzen zu wollen.

nisse nicht anders zu erwarten war, erwiesen sich die Voranschläge als viel zu niedrig und kaum für die Hälfte des überdies etwas zu kostspielig angelegten Baues hinreichend. Die öffentliche Aufforderung zur Zeichnung von Anteilen der Usambarabahngesellschaft war nur in den Kreisen von Kolonialfreunden, nicht der Finanzleute, einigem Erfolg begegnet; drei Vierteile der Anteile, gegen 1 ½ Millionen Mark, blieben im Portefeuille der Deutsch-Ostafrikanischen Gesellschaft, die sich überdies genötigt sah, noch von Jahr zu Jahr bis auf ca. 800 000 Mark steigende Vorschüsse zu machen, um nur den ersten Bauabschnitt von 42 Kilometer bis Muhesa zu vollenden und im Betrieb zu erhalten. Das Usambaraunternehmen wäre geradezu verhängnisvoll für die Deutsch-Ostafrikanische Gesellschaft geworden, hätte dieselbe nicht rechtzeitig aufgehört ihre disponibelen Mittel darin festzulegen.

Nach solchen Erfahrungen musste zunächst jede Illusion schwinden, als ob eine ostafrikanische Centralbahn ohne Reichshülfe, etwa blos durch Gewährung von Landkonzessionen, auszuführen sei, und da nach wie vor nicht die mindeste Aussicht bestand, die Regierung und den Reichstag zum Selbstbau zu bestimmen, so blieb nur noch die Hoffnung auf Heranziehung des Grosskapitals durch Zusicherung einer mässigen Zinsgarantie, welche im Reichstag durchzusetzen jedenfalls schwierig, aber doch nicht mehr hoffnungslos erschien. Inzwischen wurden die Vorarbeiten für etwaigen späteren Eisenbahnbau wenigstens insoweit nicht ganz fallen gelassen, als im Jahre 1894 die Kolonialabteilung des Auswärtigen Amtes, in Gemeinschaft mit der Deutsch-Ostafrikanischen Gesellschaft, den Herrn Lieutnant Schlobach hinaussandte, um die Strecke von der Küste bis Mafisi zu rekognoscieren, welche sowohl für eine Linie nach dem Nyassa, wie der Gouverneur Freiherr von Schele vorschlug, als nach dem Tanganyka, wie ich vorschlug, gemeinsam war.

Nach jahrelangem vergeblichen Bemühen in der Richtung jenes einzig gebliebenen Auswegs gelang es mir endlich, gegen Ende 1894, den mit weitem Blick begabten Leiter der Deutschen Bank, Dr. Georg Siemens, für die Idee der Centralbahn zu gewinnen. Sobald sich diese Aussicht eröffnet hatte, wurde die Sache sofort von dem Chef der Kolonialabtheilung, Wirklichen Geheimen Legationsrat Dr. Kayser, mit grösster Wärme aufgenommen. Am 20. Januar 1895 legte ich den ersten Entwurf zu der Vereinbarung vor, welcher, ohne einschneidende Veränderungen, in den Vertrag zwischen der Kolonialabteilung, der Deutschen Bank und der Deutsch-Ostafrikanischen Gesellschaft vom 11. März 1895 übergegangen ist und zunächst eine Summe von M. 300,000 für die Vorarbeiten vorsah, welche die vertragschliessenden Teile zu je ein Drittteil übernahmen. Diese grundlegende Vereinbarung, in welche von vornherein die gleichzeitige Sanierung der Usambarabahn eingeschlossen war, ist in Anlage A wiedergegeben. Vor Abschluss dieses zuerst zwischen der Kolonial-Abteilung und der Deutschen Bank verabredeten Vertrags hatte ich mich nach allen Seiten in den betreffenden Ressorts und bei den leitenden Persönlichkeiten des Reichstags über die Aussichten zu orientieren gesucht, welchen die Forderung einer mässigen Zinsgarantie für eine Privateisenbahngesellschaft begegnen dürfte. Das Ergebnis war ein durchaus günstiges, und hat es mich insbesondere ermutigt, dass der doch in Geldbewilligungen so vorsichtige Finanzminister Dr. von Miquel mir in längeren, auch noch in neuester Zeit stattgehabten Privatunterhaltungen erklärte, wie diese Centralbahn von der Küste nach den grossen Seen eine absolute Notwendigkeit für die wirtschaftliche und kulturelle Erschliessung von Deutsch-Ostafrika sei und das Unternehmen die Unterstützung des Reichs verdiene*). Nachdem nun noch Dr. Kayser und ich beim Reichskanzler Fürsten Hohenlohe einen gemeinsamen Vortrag über die Centralbahn gehalten und dessen vollständige und seitdem vielfach erneuerte Zustimmung gefunden hatten, wurde die Deutsch-Ostafrikanische Gesellschaft zum Beitritt aufgefordert.

*) Mit Erlaubnis des Ministers machte ich von seinen der Centralbahn so günstigen Ansichten dem Kolonialrat Mitteilung, wie sich dies in dessen Protokoll vom 19. Oktober 1896 vermerkt findet.

Hier begegneten wir zunächst dem Widerspruch des Vorsitzenden, des Aufsichtsrats und des Direktor Lucas, die an der Ansicht festhielten, und unentwegt auch in der Folge dabei stehen blieben, dass jede Förderung des Centralbahnprojekts ein Hindernis für die Rettung der notleidenden Usambarabahn sei, während Dr. Kayser, Dr. Siemens und ich umgekehrt jene Bahn durch die Centralbahn retten wollten. Dr. Kayser war insbesondere der unter den damaligen Verhältnissen unbedingt richtigen Ansicht, dass ein isolierter Antrag für Sanierung der Usambarabahn im Reichstag auf unüberwindlichen Widerstand stossen würde, was meine persönlichen Nachforschungen bei den ausschlaggebenden Mitgliedern des Reichstags bestätigten. Nachdem schliesslich der § 7 der Vereinbarung noch schärfer zu Gunsten der Usambarabahn gefasst worden war, gab auch Herr von der Heydt formell seinen Widerspruch auf, und der Aufsichtsrat votierte Herrn Dr. Kayser (der als Kommissar den lebhaftesten Anteil an den Verhandlungen genommen und die Einigung erleichtert hatte) und mir einstimmig den wärmsten Dank. Demnächst traten auch die 4 hochachtbaren Bankhäuser, mit denen die Deutsch-Ostafrikanische Gesellschaft in Verbindung stand, der erwähnten Vereinbarung bei. Nachdem die Wahl der Comitemitglieder erfolgt, und ich Seitens der Kolonial-Abteilung durch Verfügung vom 15. April zum Vorsitzenden ernannt worden war, nahm mit der Sitzung vom 17. April 1895 die Thätigkeit des Comites ihren Anfang.

In den nachfolgend veröffentlichten Aktenstücken des Centralbahncomites, deren Inhalt bisher nur den beteiligten Ressorts und den Mitgliedern des Kolonialrats bekannt gegeben war, ist die ausführliche Darlegung der auf Grund der Vereinbarung vom 11. März 1895 vorgenommenen Arbeiten enthalten. Diese von maassgebender Stelle gestattete Veröffentlichung, vervollständigt durch ein Schlusswort, welches die Geschichte des Centralbahnprojektes nach Erstattung des Berichts an den Reichskanzler und nach Auflösung des Comites umfasst, und durch verschiedene Anmerkungen zu den älteren Schriftstücken ergänzt wird, erscheint mir gerade im gegenwärtigen Augenblick geboten, nachdem, post tot discrimina rerum, die Hindernisse einer Wiederaufnahme des Centralbahnprojekts, oder, richtiger gesagt, seines ersten Bauabschnittes, beseitigt und die Aussichten für dessen Verwirklichung erfreulich gestiegen sind, gleichzeitig aber auch keine Zeit verloren werden darf, von allen Seiten an die Arbeit heranzugehen, wenn nicht abermals ein Jahr verloren gehen soll.

Ich kann dieses Vorwort nicht schliessen, ohne der eifrigen und ausschlaggebenden Mitwirkung des leider zu früh verstorbenen Direktors der Kolonialabteilung, Dr. Kayser, unablässig unterstützt durch den Geheimen Legationsrat Hellwig, sowie des Leiters des Banksyndikats Dr. Siemens zu gedenken. Demnächst aber gebührt der wärmste Dank dem Geheimrat Bormann, dessen rastloser, von der selbstlosesten Hingabe an die Sache getragener und bis zum heutigen Tage unermüdlich fortgesetzter umfassender Thätigkeit es allein zu danken ist, wenn das nachfolgende reiche Material für Begründung des grossen Planes in so kurzer Frist beschafft werden konnte. Gleiche Eigenschaften hingebend eifriger Mitwirkung muss ich dem Geschäftsführer Dr. Zander nachrühmen, jetzigen Geheimen Regierungsrat und Direktor der Anatolischen Eisenbahnen.

Dessau, 15. März 1899.

Dr. Oechelhaeuser.

Comite

für die

Deutsch-Ost-Afrikanische Centralbahn.

(Nach § 4 der Vereinbarung vom 11. März 1895.)

Vertreter des Auswärtigen Amtes:

Direktor der Kolonial-Abteilung, Wirklicher Geheimer Legitationsrat, Dr. Kayser.

Comite-Mitglieder:

a) Delegierte der Kolonial-Abteilung:
   Prinz Arenberg, Durchlaucht, M. d. R.
   Geh. Legationsrat Hellwig.
   Geh. Kommerzienrat Dr. Oechelhaeuser, Vorsitzender.

b) Delegierte der Deutsch-Ost-Afrikanischen Gesellschaft:
   Finanz-Assessor a. D. Klüpfel.
   Kommerzienrat Lucas.
   Karl von der Heydt.

c) Delegierte des Banquier-Konsortiums (§ 8 der Vereinbarung):
   Geh. Ober-Regierungsrat z. D. Bormann.
   Ober-Regierungsrat Magnus.
   Dr. G. Siemens, stellvertretender Vorsitzender.

Zur Disposition des Comites:

Schlobach, Premier-Lieutenant der Eisenbahn-Brigade.

Geschäftsführer:

Rechtsanwalt Dr. Zander.

Inhalt.

Seite

Vorwort.

Denkschrift.

1. Einleitung 1
2. Centralbahn 3
3. Erster Bauabschnitt 9
4. Bausystem und Anlagekosten 11
5. Betriebskosten und Rentabilität 18

Anlagen.

A. Vereinbarung vom 11. März 1895 23
B. Plan für die Durchführung des Centralbahnprojekts. Von Dr. Oechelhaeuser 27
C. Denkschrift gegen das Schele'sche Projekt einer Südlinie nach dem Nyassa-See und Befürwortung der Centralbahn. Von Dr. Oechelhaeuser 33
D. Denkschrift zu Gunsten einer von Tanga ausgehenden Nordlinie. Von Karl v. d. Heydt 39
E. Entgegnung auf vorstehende Denkschrift. Von Dr. Oechelhaeuser 44
F. Gutachten über die Centralbahnfrage. Von Gouverneur Dr. von Wissmann 50
G. Erläuterungsbericht zum Centralbahnprojekt, nebst Kartenskizze und Höhenprofilen. Von Geheimrat Bormann . . 52
H. Gutachten über die Bedeutung von Bagamoyo und Zanzibar. Von W. O'Swald & Co. 57
J. Erläuterungsbericht zum ersten Bauabschnitt Dar-es-Salâm—Ukami, nebst Karte und Höhenprofilen. Von Lieutenant Schlobach 60
K. Kostenanschlag des ersten Bauabschnittes Dar-es-Sâlam—Ukami. Von Geheimrat Bormann 76
L. Spezialbericht zu vorstehendem Kostenanschlag. Von Lieutenant Schlobach 92
M. Statistik nach deutschen und englischen Quellen 102

Schlusswort 105

Bericht an den Reichskanzler

betreffend

Die Erbauung einer Deutsch-Ost-Afrikanischen Centralbahn.

1. Einleitung.

Nach § 4 der am 11. März 1895 zwischen der Kolonialabteilung des Auswärtigen Amts, der Deutsch-Ost-Afrikanischen Gesellschaft und der Deutschen Bank getroffenen Vereinbarung liegt dem zur Leitung der Vorarbeiten für eine deutsch-ost-afrikanische Centralbahn niedergesetzten Comite die Verpflichtung ob, nach Abschluss dieser Vorarbeiten deren Resultate in einem Bericht an den Reichskanzler zusammenzufassen. Anlage A.

Indem das Comite sich im Nachfolgenden dieser Verpflichtung entledigt, gestattet es sich zunächst, eine kurze Mitteilung über den Gang seiner Arbeiten vorauszuschicken.

Nachdem in der Eröffnungssitzung am 17. April 1895 die Konstituierung des Comites und die Ernennung des Geschäftsführers stattgefunden hatte, erfolgte in der nächsten Sitzung am 22. Juni in Gemässheit des § 3 der gedachten Vereinbarung die Festsetzung der Geschäfts- und Arbeitsordnung und die Wahl des darin vorgesehenen ständigen Ausschusses, welcher von da ab, in steter Fühlung mit der Kolonialabteilung des Auswärtigen Amtes und dem Plenum des Comites, die Leitung der Arbeiten übernahm.

Unter Teilnahme des Herrn Gouverneurs Dr. v. Wissmann begannen demnächst in der gedachten Sitzung von 22. Juni 1895 die Beratungen über die Wahl der geeignetsten Linie für die

Centralbahn. Mit dem Herrn Gouverneur neigte sich von vornherein die Mehrzahl der Mitglieder der Ansicht zu, dass die Centralbahn in Dar-es-Salâm ihren Ausgang nehmen und in der Richtung der alten Karawanenstrasse über Tabora zum Tanganyka und Viktoria-Nyanza geführt werden müsse. Auf den Einspruch mehrerer Mitglieder ward jedoch die prinzipielle Entscheidung hierüber noch ausgesetzt. Dagegen fand, auf Grundlage eines dem Comite vom Vorsitzenden eingereichten und von der Kolonialabteilung, wie vom Herrn Gouverneur gebilligten Planes einer Zerlegung der ganzen Aufgabe in mehrere Bauabschnitte, folgender Antrag*) einstimmige Annahme:

Anlage B.

> In kürzester Frist geeignete Sachverständige nach Afrika zu entsenden, um die Rekognoszierungsarbeiten für die Eisenbahn von Dar-es-Salâm, eventuell über Bagamoyo, nach Ukami und weiter in das Innere zu beginnen und die Ergebnisse dieser Rekognoszierung dem Comite thunlichst bald zugänglich zu machen, spätestens aber, sobald die Rekognoszierungsarbeiten bis zur Explorierung von Ukami gediehen sind.

In Ausführung dieses Beschlusses erklärte sich das Mitglied des ständigen Ausschusses, Herr Geheimer Ober-Regierungsrat Bormann, in dankenswerter Weise bereit, jene Mission nach Ost-Afrika zu übernehmen, trat demnächst am 19. Oktober 1895 seine Reise an und traf am 13. November in Dar-es-Salâm ein, woselbst er sich unausgesetzt des Rates und der werkthätigen Beihilfe des Herrn Gouverneurs v. Wissmann zu erfreuen hatte und für seine Vorschläge und Anordnungen dessen Zustimmung fand. Dem zur Disposition des Centralbahn-Comites gestellten, schon seit Herbst 1894 im Auftrage der Kolonial-Abteilung des Auswärtigen Amtes mit Tracierungs- und Vermessungsarbeiten dort beschäftigten Premierlieutenant der Eisenbahnbrigade, Herrn Schlobach, ward hierbei speziell die Untersuchung und Veranschlagung der oben bezeichneten Linie von der Küste bis ins Innere von Ukami übertragen, während Herr Rindermann die Rekognoszierung behufs Fortsetzung dieser Linie bis Tabora übernahm. Am 16. Dezember v. J. reisten Herr Geheimrat Bormann und am 10. Februar d. J. Herr Premierlieutenant

*) Derselbe ward vom Geh. Rat Dr. Kayser formuliert. W. O.

Schlobach von Dar-es-Salâm ab und trafen (ersterer leider unterwegs durch Krankheit aufgehalten) am 15. März, letzterer am 18. März d. J. in Berlin wieder ein.

Auf Grundlage der von beiden Herren beschafften Unterlagen und der mit denselben vom ständigen Ausschuss unter Zuziehung von weiteren Sachverständigen und Afrikakennern gepflogenen Beratungen sieht sich nunmehr das Comite in der Lage, dem Herrn Reichskanzler den nachfolgenden Bericht, mit seinen an dessen Inhalt geknüpften Vorschlägen, zu unterbreiten.

2. Centralbahn.

Indem das Comite zunächst an die Frage der Centralbahnlinie herantritt, glaubt es sich der Aufgabe überhoben, die Notwendigkeit einer Aufschliessung unserer grössten und schönsten Kolonie durch Eisenbahnen zuvor im Allgemeinen begründen zu müssen. Wie überhaupt eine kräftige wirtschaftliche Entwickelung irgend eines, wie immer ethnographisch gestalteten Landes ohne das mächtige Transportmittel, welches unserem erfindungsreichen Jahrhundert die Signatur aufgedrückt hat und seinen Riesenfortschritten zur Grundlage diente, garnicht denkbar ist, so kann es in Deutsch-Ost-Afrika umsoweniger verschoben werden, an diese Aufgabe heranzutreten, als diese Kolonie grosser, weit ins Innere führender Wasserstrassen ermangelt. Auch wäre es ein grosser Missgriff, sich vorerst, für die Hauptlinien wenigstens, auf den Bau von Kunststrassen beschränken zu wollen, welche bei der Schwierigkeit der Beschaffung von Baumaterial und bei der dort übermächtig wuchernden Vegetation in den Anlagekosten sich denen einer schmalspurigen Eisenbahn nähern, mitunter dieselben überschreiten und dabei doch unendlich weniger leisten würden. Wollte Deutschland überhaupt Kolonien, so musste man auch darauf gefasst sein, ihrer wirtschaftlichen Erschliessung Opfer zu bringen, als deren notwendigstes sich der Eisenbahnbau darstellt. Wie die Statistik zeigt, ist der wirtschaftliche Fortschritt auf der bisherigen Grundlage des Küsten- und Karawanenverkehrs ein so geringfügiger, dass er im krassesten Missverhältnis zu der Entwickelungsfähigkeit eines meist fruchtbaren Landes steht, das fast doppelt so gross als Deutschland ist, von etwa vier Millionen Menschen*) bewohnt wird, herrliche Seehäfen besitzt und landwärts von drei mächtigen Binnenseen eingefasst wird. Diese Erwägungen haben inzwischen in den massgebenden Kreisen immer mehr zu der Überzeugung von der Notwendigkeit von Eisenbahnbauten geführt, so dass wir hier nicht mehr das Ob, sondern nur das Wie zu erörtern haben.

Treten wir nun der Frage näher, welche Linie, mit der Aussicht auf den raschesten Erfolg, zum Rückgrat unseres ostafrikanischen Eisenbahnsystems zu wählen ist, so sind bisher drei Projekte zur Sprache gekommen.

Das erste Projekt einer Südbahn, im Jahre 1894 von dem früheren Gouverneur, Freiherrn v. Schele, aufgestellt, befürwortet eine Eisenbahn von Dar-es-Salâm nach dem Nordende des Nyassasees. Schon ein Blick auf die Karte zeigt, dass diese nur dem südlichsten Teile der Kolonie zu Gute kommen und schliesslich vielleicht mehr den englischen und portugiesischen Interessen am Shire und Zambesi, als den deutschen Interessen dienen würde, insbesondere wenn die, ebenfalls von Herrn v. Schele geplante Weiterführung von dem Nordende des Nyassa- nach dem Südende des Tanganykasees zu Stande kommen sollte. Unter Berücksichtigung dieser Gefahr und in der Unterstellung, dass unsere Finanzlage vor der Hand nur die Ausführung Einer Hauptbahn gestattet, die Südbahn also eine Mittelbahn verhindern würde, reichte der mitunterzeichnete Vorsitzende schon am 12. Oktober 1894 dem Kolonialrat die
Anlage C. beiliegende Denkschrift ein. Das Projekt einer Bahn von Dar-es-Salâm nach dem Nyassa fand überhaupt keine Unterstützung. Der stellvertretende Gouverneur, Herr v. Trotha, befürwortete in einer Denkschrift vom 24. April 1895 eine Bahn von Dar-es-Salâm und Bagamoyo nach dem Uluguru- und Ngurugebirge (also nach Ukami), nebst Fortführung der Usambara-Eisenbahn bis Korogwe. Hiernach dürfte das Projekt der Südbahn ausser Frage bleiben.

Wenn aber der Kolonialrat in seiner Resolution vom 20. Oktober 1894 die beiden Seen Tanganyka und Viktoria-Nyanza als Endpunkte einer Centralbahn hinstellte, so liess er die Frage der dahin führenden Linie und des Hafens, von

*) Nach neueren Annahmen sogar 5 Millionen. W. O.

welchem sie auszugehen habe, noch offen, traf also noch keine Entscheidung zwischen der von dem Unterzeichneten in der Denkschrift vom 12. Oktober 1894 (Anlage C) vorgeschlagenen, von Dar-es-Salâm ausgehenden Mittellinie, und einer von Herrn Karl von der Heydt vorgeschlagenen, von Tanga ausgehenden, die im Bau begriffene Usambara-Eisenbahn fortsetzenden Nordlinie, die allerdings, ebenso wie die Mittellinie, die Seen Viktoria-Nyanza und Tanganyka (unter Einschaltung einer Dampfschiffverbindung über ersteren See) erreichen sollte. Der Gegensatz beider Projekte*), nachdem er in der Diskussion der Comitesitzung vom 22. Juni 1895 nur zur allgemeinen Erörterung, aber nicht zur Entscheidung gelangt war, wurde demnächst in den dem Comite eingereichten, hier beiliegenden Denkschriften zweier Comitemitglieder weiter ausgeführt, nämlich des Herrn von der Heydt vom 4. Juli 1895 und des mitunterzeichneten Dr. Oechelhaeuser vom 6. August 1895. Die Frage kam dann nach Rückkehr der Herren Bormann und Schlobach und Kenntnisnahme des von denselben beschafften umfangreichen Materials zur schliesslichen Erledigung, welche dahin geführt hat, seitens des Comites der Regierung die mittlere, von Dar-es-Salâm ausgehende, im Grossen und Ganzen der alten Karawanenstrasse folgende Linie über Tabora nach dem Tanganyka und Viktoria-Nyanza, für die Anlage der Centralbahn zu empfehlen. Anlage D. Anlage E.

Durch Protokoll, d. d. Dar-es-Salâm, 15. November 1895, hatte vorher schon Gouverneur Dr. v. Wissmann sein volles Einverständnis hiermit ausgesprochen, im Einklang mit seinem bereits in der Comitesitzung vom 22. Juni 1895 abgegebenen und motivierten Votum, sowie mit dem anliegenden, auf Ersuchen des Comites erstatteten Gutachten vom 30. Oktober 1895. Anlage F. Wir bemerken hierbei noch, dass sich bereits in einer am 5. März 1891 zur Beratung über die Eisenbahnfrage für Ost-Afrika einberufenen Versammlung bedeutender Afrikaforscher und Techniker die Herren Dr. Carl Peters, Freiherr v. Graven-

*) Dieser Gegensatz darf nach Übernahme der Usambara-Bahn durch das Reich und den Beschluss ihrer Fortsetzung bis Korogwe als beseitigt betrachtet werden. Nur die Centralbahn kann von jetzt ab den Zielpunkt aller Bestrebungen für die wirtschaftliche und kulturelle Erschliessung Deutsch-Ost-Afrikas bilden. W. O.

reuth, Hoffmann, Graf Pfeil und Strandes für dieselbe Linie ausgesprochen hatten; die Autorität so bedeutender Namen auf diesem Gebiete steht also auf Seiten unseres Antrages. Hinsichtlich dessen spezieller Begründung verweisen wir auf den Inhalt der Anlagen D und E. Sie gipfelt darin, dass diese Linie sich nicht am Nordrand unseres Schutzgebietes bewegt, sondern dessen geographische Mitte aufschliesst, also ihre Anziehungskraft nach beiden Seiten und noch über die Seen hinaus in das englische Gebiet und den Kongostaat geltend machen wird, dass sie fast durchweg friedliche, stark bevölkerte und fruchtbare Gegenden durchzieht, dass von dieser Linie aus der allgemeine Landesschutz, die Förderung des Missionswesens und aller kulturellen Aufgaben, sowie die Unterdrückung des Sklavenhandels die beste Stütze finden werden, endlich dass sie für die Finanzen des Reichs vor jeder anderen Linie den Vorzug verdient, indem sie durch ihre centrale Anziehungskraft die Ausfuhr der wichtigen abgabenpflichtigen Exportartikel nach unseren Häfen steigern, der Ausfuhr über die Landgrenzen entgegenwirken, auch am wirksamsten die Einfuhr von Erzeugnissen deutschen Gewerbfleisses ins Innere der grossen Kolonie fördern wird.

Anlage G. Die nähere Beschreibung dieser Linie, nebst beigefügter Kartenskizze, enthält der anliegende Erläuterungsbericht des Herrn Geheimrat Bormann, auf den wir hier Bezug nehmen. Es ergiebt sich daraus, wie diese, aus geographischen und wirthschaftlichen Gründen gewählte Linie auch keinen irgendwie erheblichen technischen Schwierigkeiten begegnet und keinen finanziellen Aufwand erfordert, welcher die Vorteile der ganzen Anlage in Frage stellen könnte.

Der Frage des für die Centralbahn zu wählenden Bausystems treten wir weiter unten bei der Beschreibung des zur sofortigen Ausführung empfohlenen ersten Bauabschnittes Dar-es-Salâm—Ukami näher, haben dagegen hier noch die Frage des Anschlusses von Bagamoyo zu erörtern, worüber sich der Bormann'sche Bericht nicht äussert. Wie aus den beigefügten Karten ersichtlich, geht unser Vorschlag dahin, von der in Dar-es Salâm mündenden Hauptbahn eine kurze, etwa 33 Kilometer lange Linie nach Bagamoyo abzuzweigen*), nachdem die

*) Über die anderweite Tracierung dieser Strecke vergleiche das Schlusswort. Hiernach würde die Hauptlinie direkt nach Dar-es-Salâm

Untersuchungen ergeben haben, dass das Überschwemmungsgebiet des unteren Kingani es verbietet, hier die Überbrückung desselben zu bewerkstelligen und Bagamoyo in die Hauptlinie aufzunehmen. Es wird sich weiter unten zeigen, wie technische oder finanzielle Fragen von Bedeutung bei dieser Abzweigung nicht in Frage kommen, um sich für oder gegen den Anschluss von Bagamoyo zu entscheiden, sondern dass lediglich kaufmännische, politische und nationale Gesichtspunkte massgebend sind. Die Ansichten hierüber gehen allerdings ziemlich weit aus einander; so z. B. steht das dem Comite angehörige Vorstandsmitglied der Deutsch-Ost-Afrikanischen Gesellschaft einer Zweigbahn nach Bagamoyo mit aller Entschiedenheit ablehnend gegenüber. Einstimmig ist wohl das Bedauern, dass Zanzibar, ein so wichtiger und kapitalkräftiger Stapelplatz des internationalen Handels, welcher geographisch den schönen Häfen unserer deutsch-ost-afrikanischen Küste vorgelagert ist, gleichsam den wirtschaftlichen Schlüssel unseres Schutzgebietes bildet, demselben nicht einverleibt werden konnte. Einstimmig ist wohl ebenso der Wunsch, den Ein- und Ausfuhrhandel unseres Schutzgebiets durch unsere eigenen Häfen zu vermitteln, insbesondere Dar-es-Salâm mit seinem vortrefflichen Hafen zu einem Stapelplatz ersten Ranges zu erheben und so die Vermittelung Zanzibars immer mehr entbehrlich zu machen. Nach der Statistik der englischen Zollverwaltung des Jahres 1893 haben, im Vergleich mit den Zahlen der deutschen Statistik über den Verkehr unseres Schutzgebietes, von dessen Gesammtausfuhr nicht weniger als 85 Prozent, und von seiner Gesammteinfuhr nicht weniger als 80 Prozent den Weg über Zanzibar genommen, wo mit den deutschen Häusern die englischen und indischen Häuser konkurrieren. Der Löwenanteil an den ungeheuren Vorteilen einer Aufschliessung unseres grossen Schutzgebietes durch die Centralbahn wird nun von selbst Dar-es-Salâm zufallen und seine Bedeutung hoffentlich bald der Bedeutung Zanzibars gleichkommen, womöglich dasselbe überflügeln. Allein es scheint uns nicht empfehlenswerth, dieses Resultat auf anderem als dem natürlichen Weg der freien Verkehrsentwicklung zu suchen und die Vorteile zu verkennen, welche uns auch ein fortgesetzter

gehen und Bagamoyo erst von dort aus durch eine Zweigbahn anzuschliessen sein. W. O.

Verkehr mit einem so bedeutenden internationalen Handelsplatz wie Zanzibar bietet*), dessen Ein- und Ausfuhren im Jahre 1893 die stattliche Ziffer von 34½ Millionen Rupies erreichten. Wird dieser Grundsatz festgehalten, so darf Bagamoyo, der bisherige Hauptstapelplatz des Verkehrs mit Zanzibar und des Karawanenhandels, nicht vernichtet werden, indem man es von der Eisenbahnverbindung ausschliesst und den ganzen Verkehr nach Dar-es-Salâm ableitet. Obgleich Bagamoyo, das gerade der Insel Zanzibar gegenüberliegt, keinen Hafen besitzt, so können die Dhaus doch von seiner Rhede sowohl beim Nordost- wie Südwestmonsun hinübersegeln, und zwar bei günstigem Wind in etwa 5, bei ungünstigem in etwa 12 Stunden, während man dazu von Dar-es-Salâm 8 Stunden, beziehungsweise 2 und mehr Tage gebraucht. Durch wachsende Dampferverbindungen zwischen Dar-es-Salâm und Zanzibar wird allerdings allmählich dieser Vorsprung Bagamoyos vor Dar-es-Salâm sich von selbst vermindern. Von der Bedeutung als Handelsplatz abgesehen, hat aber Bagamoyo auch den natürlichsten Anspruch auf einen Eisenbahnanschluss, weil es die grösste Stadt unserer ost-afrikanischen Besitzung ist. Gouverneur Dr. von Wissmann hält ebenfalls die Verbindung mit Bagamoyo für höchst wichtig und befürwortet dieselbe entschieden. Der mitunterzeichnete Vorsitzende hat überdies über diese wichtige Frage das Gutachten eines der Chefs des grossen deutschen Zanzibarhauses W. O'Swald & Co. eingeholt,
Anlage H. welches anliegt und dessen Ausführungen sicherlich die höchste Beachtung verdienen, obgleich es naturgemäss einen anderen Standpunkt der Beurteilung einnimmt, als den für das deutsche Reich ausschlaggebenden.

Wir glauben hiermit die vorgeschlagene Centralbahnlinie mit den Endpunkten Dar-es-Salâm und Bagamoyo hinlänglich begründet zu haben, geben übrigens gern zu, dass die Anschlussfrage Bagamoyo einer abermaligen reiflichen Erwägung seitens der Reichsorgane zu unterliegen haben wird**).

---

*) Dr. von Wissmann hebt dies in seinem Gutachten Anlage F ganz besonders hervor. W. O.

**) Ein Blick in die Statistik (Anlage M) wird am besten für die Bedeutung Bagamoyos sprechen, indem dort ungefähr ein Dritteil aller Zolleinnahmen des ganzen Schutzgebietes eingeht. W. O.

3. Erster Bauabschnitt.

Wir treten also nunmehr in die nähere Erörterung der ersten Baustrecke Dar-es-Salâm—Ukami ein. Wie Eingangs schon erwähnt, beruht der betreffende Beschluss des Comites auf dem in Anlage B ausführlich motivierten Plan einer Einteilung des grossen Centralbahnprojektes in mehrere Baustrecken. Hierbei war in erster Linie die Rücksicht massgebend, dass weder Reich und Reichstag, noch die eventuell zur Beschaffung der Geldmittel heranzuziehenden Finanzinstitute geneigt sein dürften, das grosse Risiko der ganzen Centralbahnanlage auf sich zu nehmen, ehe nähere Anhaltspunkte über die wirtschaftlichen und finanziellen Ergebnisse eines ost-afrikanischen Eisenbahnbetriebes überhaupt vorliegen. Ferner fiel aber auch die Zeitfrage entscheidend ins Gewicht, da die so langsam fortschreitende Verkehrsentwickelung die schleunige Inangriffnahme des Eisenbahnbaues gebieterisch fordert. Diese Rücksicht wurde seit Abschluss der Vereinbarung vom 11. März 1895 noch wesentlich durch den Umstand verstärkt, dass die Engländer den Bau der Konkurrenzbahn von Mombassa nach Uganda energisch in die Hand nehmen. Es bedarf keines Nachweises, wie nachteilig es für unseren Handel und unsere Finanzen sein würde, wenn die Engländer wesentlich früher als wir die Ufer des Viktoria-Nyanza erreichen würden und den Verkehr in ihre Interessensphäre ablenkten. Unter diesen Umständen schien nichts natürlicher, als nach allgemeiner Rekognoszierung und Feststellung der Centralbahnlinie sofort mit der Ausführung des ersten Bauabschnittes zu beginnen und die Entscheidung über den streckenweisen Weiterbau auf Grundlage der gewonnenen Erfahrungen der Zukunft vorzubehalten.

Wenn es nun hierdurch möglich geworden ist, den für die Beendigung der generellen Vorarbeiten für die ganze Centralbahn in § 2 der Vereinbarung vom 11. März 1895 in Aussicht genommenen Zeitraum von zwei bis drei Jahren wesentlich abzukürzen und schon etwa ein Jahr nach der Beschlussfassung über die erste Baustrecke Unterlagen zu beschaffen, welche auch für europäische Verhältnisse zur Begründung einer Bahnanlage genügen dürften, so danken wir dies dem glücklichen Umstand, dass unser Delegierter, Herr Bormann, bei seiner Ankunft in Ost-Afrika umfassendes Material für die Beurteilung der ganzen Bahnfrage und speziell für Tracierung und Veranschlagung der ersten Baustrecke bereits vorfand. Wie schon Eingangs erwähnt, hatte der frühere Gouverneur, Herr Freiherr v. Schele, eine Bahn von Dar-es-Salâm nach dem Nyassasee vorgeschlagen, zunächst aber beantragt, die erste Strecke derselben bis zu dem Punkt am Kinganifluss, Mafisi, zu untersuchen, welche für beide, das Süd- und Mittelbahnprojekt, gemeinsam sein würde*). Ohne auf die Frage der Nyassabahn einzugehen, einigte sich die Kolonialabteilung des Auswärtigen Amtes bezüglich der Kosten mit der Deutsch-Ost-Afrikanischen Gesellschaft auf die Durchführung des letztgedachten Vorschlags, und ward zu diesem Behufe bereits im August 1894 der Premierlieutenant der Eisenbahnbrigade, Herr Schlobach, nach Ost-Afrika entsandt und zur Disposition des Gouverneurs gestellt. Herr Bormann fand hiernach bei seiner Ankunft bereits die Resultate der Untersuchungen des grossen Gebietes zwischen der Küste und dem Kingani (Usaramo) vor, insbesondere auch die Ermittelung der besten Übergangsstelle über letzteren Fluss. Hierdurch war bereits eine feste Grundlage für Tracierung und Veranschlagung des wesentlichsten und schwierigsten Teils des ersten Bauabschnittes gewonnen, sodass durch die im Dezember und Januar von Herrn Schlobach unternommenen Untersuchungen der weiter ins Innere führenden Linie vom Kingani-Übergang bis nach Ukami die Materialien für die erste Baustrecke nunmehr vervollständigt und nach deren Ausarbeitung in Berlin dem Ausschuss vorgelegt werden konnten. Hierdurch ist also eine Zeitersparnis von mehr als einem Jahr gewonnen, im Vergleich zu der ursprünglich in Aussicht genommenen Frist**).

Anlage J. In dem beiliegenden sehr ausführlichen Bericht des Herrn Lieutenant Schlobach ist diese Baustrecke, als deren bester Endpunkt Mrogoro in Ukami ermittelt wurde, eingehend be-

*) Auf dieser Strecke hatte auch schon früher die Deutsch-Ost-Afrikanische Gesellschaft durch den in ihren Diensten stehenden Geometer von Hacke Untersuchungen vornehmen lassen. W. O.

**) Auch die in § 2 der Vereinbarung vom 11. März 1895 auf 300 000 M. veranschlagten Kosten sind hierdurch nur mit dem Betrag von 121 726,06 M. beansprucht worden. W. O.

schrieben und erläutert, unter Beilegung einer Karte, sowie der Höhenprofile. Der Bericht erstreckt sich insbesondere sehr ausführlich über alle Punke, welche vom wirtschaftlichen und kulturellen Standpunkt aus die Wichtigkeit des Bahnbaues darthun und insbesondere, was für die Entschliessungen der Regierung und des Reichstages von grosser Bedeutung sein wird, den Beweis liefern, wie diese erste Baustrecke auch als ein finanziell und wirtschaftlich gesichertes selbständiges Unternehmen aufgefasst werden darf, ganz abgesehen von ihrer, unserer Ansicht nach weittragenden Bedeutung als erstes Glied der grossen Centralbahn. Hiernach können also auch alle diejenigen der sofortigen Inangriffnahme der ersten Baustrecke zustimmen, welche sich in der Frage der Weiterführung der Centralbahn ihre Entscheidung noch vorbehalten. Und auf diesen Standpunkt wird sich im Wesentlichen die Regierung stellen wollen, sowie auch von einer etwa gebildeten Eisenbahngesellschaft weitergehende Verbindlichkeiten schwerlich übernommen werden dürften, ehe sich nicht der wirtschaftliche Erfolg, das finanzielle Erträgnis und die Einwirkung des Bahnverkehrs auf die Zolleinnahmen wenigstens einigermassen mit Sicherheit erkennen lässt. Wir glauben uns nicht zu täuschen, dass mit dieser ersten Baustrecke ein weiteres Gebiet aufgeschlossen wird, welches dem Plantagenbau, der Besiedelung und dem Absatz deutscher Gewerbserzeugnisse, wie der soliden Anlegung deutschen Kapitals grosse Vorteile bieten muss und alle Momente der Rentabilität schon nach kurzer Entwickelungsperiode in sich trägt.

4. Bausystem und Anlagekosten.

Zu der wichtigen Frage der Kosten der vorgeschlagenen Bahnanlage übergehend, so hatte das Comite sich zunächst über die für die Veranschlagung grundlegenden technischen Fragen schlüssig zu machen. Wir sind uns vollkommen bewusst, dass es nicht in unserer Aufgabe liegt, auf diesem Gebiet entscheidende Beschlüsse zu fassen, welche vielmehr naturgemäss den künftigen Entschliessungen der Bauleitung und den Verhandlungen mit der zuständigen Reichsbehörde vorbehalten bleiben müssen, wie denn ja auch z. B. die Bestimmung über das Bausystem und die Spurweite in die Konzessionsbedingungen der Usambara - Eisenbahngesellschaft aufgenommen worden ist. Gleichwohl war es für uns unerlässlich, um überhaupt einen Kostenanschlag mit irgend einem Anspruch auf Beachtung aufstellen zu können, dass wir uns in diese technischen Fragen soweit Einsicht verschaffen mussten, als es die eignen und die uns zugänglichen Kräfte irgendwie gestatteten.

In erster Linie kam hierbei das Bausystem in Betracht, wobei die Rücksicht auf möglichste Billigkeit mit den Ansprüchen auf die Leistungsfähigkeit einer Centralbahn in Einklang gebracht werden muss. In letzterer Beziehung sei nun gleich hier schon bemerkt, dass wir weder rein provisorische Anlagen, noch grossartige Anlagen nach europäischem Muster befürworten können, vielmehr, nach dem Vorgang fast aller Tropenbahnen, nur Anlagen erstreben, deren Leistungsfähigkeit nicht auf die Ewigkeit, wohl aber auf absehbare Zeiten, jedenfalls auf Dezennien hinaus, so ausser Frage steht, dass es der Aufstellung spezieller Berechnungen über die Grenzen dieser Leistungsfähigkeit kaum bedarf.

Die Erörterungen, welche in dieser Richtung vor Jahren von der Usambara-Eisenbahngesellschaft angestellt wurden, führten zuerst zu einer Prüfung des Seilbahn-Systems, wie es in Deutschland allerdings in dem mehr lokalen und auf einzelne Etablissements beschränkten Transportverkehr in grossem Umfang und mit grossem Erfolg in Anwendung steht. Jene Erörterungen führten zu einem negativen Resultat, wobei wesentlich auch der Umstand den Ausschlag gab, dass Seilbahnen nicht für den doch unentbehrlichen Menschentransport geeignet, auch nicht leistungsfähig genug seien für den von einer Ost-Afrika durchziehenden Bahn mit der Zeit zu erwartenden Massentransport. Seit jener Zeit sind nun allerdings Verbesserungen in diesem System teils durchgeführt, teils in Vorschlag gebracht worden, und das Comite verkennt auch die ausserordentliche Wichtigkeit nicht, welche das Seilbahnsystem gerade in Ost-Afrika gewinnen kann, um von allen Seiten der Hauptbahn Güter zuzuführen, dem Plantagenbau zu dienen und das Innere der Landschaften bis in das Gebirge hinauf rasch und billig zu erschliessen. Allein das Comite konnte sich nicht bewogen fühlen, ein auf grosse Entfernungen für den Personen- und Massentransport ungeeignetes System in seiner Anwendung auf Hauptbahnen zu empfehlen.

Nun hat allerdings die Frage der Anwendbarkeit der Schwebebahnen in neuerer Zeit durch die Erfindung des verstorbenen Geheimrat Langen eine ganz andere Gestalt gewonnen. Die das Seil ersetzende feste Laufschiene gestattet unstreitig einen Personen- und Lastenverkehr, womit eine Seilbahn nicht in Konkurrenz treten, und welcher vielleicht in Zukunft sogar zur Leistungsfähigkeit von Schmalspurbahnen gesteigert werden kann, nebenbei aber im Bau und Betrieb für die Boden-, Klima- und Vegetationsverhältnisse der Tropenländer höchst beachtenswerte Vorteile bietet. Nachdem dieses System in steigendem Masse die Aufmerksamkeit der Techniker auf sich gelenkt und insbesondere auch in dem Gouverneur Dr. von Wissmann und Lieutenant Schlobach entschiedene Verfechter gefunden hatte, fühlte sich das Comite, in voller Übereinstimmung mit der Kolonial-Abteilung des Auswärtigen Amtes und dem preussischen Minister für öffentliche Arbeiten, geradezu verpflichtet, eine Expertise zur Untersuchung der in Deutz von den Interessenten der Langen'schen Erfindung erbauten, etwa 600 Meter langen Probebahn zu veranstalten. Abgesehen von früheren Einzelbesichtigungen seitens verschiedener Comitemitglieder, fand diese Besichtigung in Deutz am 28. und 29. Mai d. J. statt; die darüber aufgenommenen Protokolle befinden sich bei den Akten. Es wohnten derselben von Seiten des Auswärtigen Amtes die Herren Ministerialdirektor Dr. Kayser, Geh. Legationsrat Hellwig und Baudirektor Wiskow, von Seiten des Ministeriums für öffentliche Arbeiten Herr Baurat Brewitt, und von Seiten des Central-Comites der Vorsitzende, Geh. Kommerzienrat Dr. Oechelhaeuser, sowie als Gutachter die Herren Geh. Regierungsrat Dr. Slaby, Geh. Oberregierungsrat und Eisenbahndirektor z. D. Bormann, Königl. Eisenbahn-Bauinspektor Bernhard und Premierlieutenant Schlobach bei. Über diese Expertise liegt das erstattete Gutachten bei*). Die genannten Herren haben fast sämmtlich und teilweise jahrelang in Deutsch-

*) Der Abdruck des sehr ausführlichen Gutachtens dürfte für weitere Kreise und für die Zwecke der gegenwärtigen Schrift als überflüssig erscheinen.

Ost-Afrika verweilt; Herr Bernhard insbesondere hat den ersten Abschnitt der Usambarabahn erbaut.

Das Gutachten bedauert zunächst, dass die Besichtigung der Schwebebahn nach verschiedenen Richtungen kein abschliessendes Urteil gestattete, da tags vorher ein Betriebsunfall stattgefunden hatte, auch die elektrische Transmission den Dienst versagte. Die Kommission unterschied in der Beurteilung des Systems eine sogenannte Pionierbahn für einen den bisherigen Karawanenverkehr nicht wesentlich übersteigenden Verkehr, ferner als Montage- und Zubringebahn, und eine, mit der 75 cm-Schmalspurbahn in Konkurrenz tretende grössere Verkehrsbahn. In der Anwendung für erstere Zwecke lautet das Urteil im Ganzen günstig, als Ersatz einer Schmalspurbahn dagegen nicht günstig, insbesondere auch in Vergleichung der Baukosten. Des Weiteren auf den Inhalt des Gutachtens verweisend, möge hier nur die Bemerkung Platz finden, dass spätere Untersuchungen vielleicht zu günstigeren Anschauungen führen mögen, wenn die Probebahn erst anstandslos fungiert und wenn sich durch Berechnung herausstellen sollte, dass statt der Elektrizität Petroleum- oder Benzinmotoren zur Fortbewegung ökonomisch vorteilhafter verwandt werden können. Jedenfalls legte die Kommission dem System in der Anwendung für die Tropen grosse Wichtigkeit bei und empfiehlt die Ausführung einer Probestrecke von Bagamoyo zum Anschluss an die Linie der Schmalspurbahn, um hieraus Erfahrungen zu sammeln, ob über Ukami hinaus das Schwebebahnsystem später Anwendung finden kann. Für die Strecke Dar-es-Salâm bis Ukami befürworten die vorgenannten Sachverständigen entschieden die schleunige Anlage der 75 cm-Schmalspurbahn.

Nachdem sich also das Comite nicht in der Lage sieht, in dem jetzigen Stadium der Sache seine Anschläge und Betriebsberechnungen für die Centralbahn auf das in der Praxis noch nicht erprobte Langen'sche Schwebebahnsystem zu stützen, kommt nur noch die Erdbahn in Frage, wobei die europäischen Erfahrungen zu Grunde zu legen, die besonderen afrikanischen Verhältnisse aber wesentlich mit zu berücksichtigen waren.

Bezüglich des zu wählenden Erdbahnsystems fanden zunächst Besichtigungen des von Herrn Geheimrat Bormann zur

Beachtung empfohlenen deutschen Militär-Feldbahnsystems mit 60 Centimeter Spurweite statt. Dieselben ergaben eine billige und überaus rasche Bauweise und eine verhältnismässig bedeutende Leistungsfähigkeit. Der Bahnbau in Ost-Afrika wird jedenfalls viele Belehrung aus den Erfahrungen mit diesem System schöpfen; jedoch kann das Comite dessen unveränderte Anwendung und insbesondere die allzu geringe Spurweite für die Hauptbahn nicht zur Annahme empfehlen. Ohne Zweifel wird dieses System aber, im Verein mit Seilbahnen und Feldbahnen, in grosser Ausdehnung für Zweigbahnen und zur kulturellen Aufschliessung des Gebietes zur vorteilhaften Anwendung in unseren Kolonien gelangen.

Da von einer Anwendung des europäischen Normalspursystems von 1,435 Meter unter den dortigen Verhältnissen, der grossen Kostspieligkeit halber, keine Rede sein konnte, die Schmalspurbahn also unbedingt zu adoptieren war, so drehte sich nunmehr die Erörterung um die Frage, ob eine Spurweite von 0,75 oder 1 Meter zu wählen sei. Bei der grossen Wichtigkeit der Sache wurden vom ständigen Ausschuss zu diesen Beratungen ausser Herrn Geheimrat Bormann und Lieutenant Schlobach noch weitere Sachverständige zugezogen. Auf Grund des Resultats der am 2. April d. Js. stattgehabten Sachverständigen-Beratungen, über welche ein stenographisches Protokoll aufgenommen wurde, entschied sich der Ausschuss, im Hinblick auf die zu $^1/_3$ bis $^1/_4$ geschätzten Minderkosten des Baues, deren Bedeutung durch eine entsprechend genügende Leistungsfähigkeit nicht ausgeglichen wird, der 75 Centimeter Spurweite den Vorzug vor der 1 Meter Spur zu geben und erhielten demnach die Herren Bormann und Schlobach den Auftrag, die Bau- und Betriebskosten der Bahn auf der Grundlage des bewährten Erdbahnsystems und der 75 Centimeter Spurweite zu veranschlagen.*)

Der hiernach mit aller Sorgfalt und auf Grundlage der von

*) Es kann dem Comite nachträglich nur zur grössten Genugthuung gereichen, dass die Frage der künftigen Spurweite der ost-afrikanischen Eisenbahnen, bei Gelegenheit der Prüfung der Usambarafrage, durch ein Gutachten des Ministeriums der öffentlichen Arbeiten vom 30. Novbr. 1898 in gleichem Sinne, also für eine Spurweite von 75 Centimeter, entschieden worden ist. W. O.

beiden Herren in Ost-Afrika angestellten Ermittelungen und der Erfahrungen beim Bau der Usambarabahn aufgestellte Anschlag der Anlagekosten für die erste Baustrecke Dar-es-Salâm—Ukami, einschliesslich Abzweigung nach Bagamoyo, liegt hier bei, zugleich mit dem zugehörigen, über alle die Baukosten bedingenden Verhältnisse sich ausführlich verbreitenden Spezialbericht des Herrn Lieutenant Schlobach. Bei der grossen Wichtigkeit dieser Arbeit wurde der Anschlag auch noch der Prüfung und Begutachtung durch zwei hierzu in erster Linie berufene Techniker, Herren Bernhard und Baudirektor Wiskow, unterstellt, welcher letztere sich ebenfalls, wie Herr Bernhard, jahrelang in Ost-Afrika aufgehalten hat. Das über diese spezielle Prüfung des Baukostenanschlags am 1. Juni d. J. aufgenommene Protokoll befindet sich bei den Akten.

Anlage K.
Anlage L.

Der Baukosten- wie der Betriebskostenanschlag basieren auf der Annahme, dass sich zunächst täglich in jeder Richtung Ein Zug bewegt. Derselbe würde im Stande sein, schon das 100- bis 200-fache der jetzigen, durch den Karawanenverkehr nach der Küste geschafften Lasten zu transportieren.

Der ursprünglich von Herrn Bormann aufgestellte Anschlag bezifferte sich auf rund 10 Millionen Mark. Die beiden zur Revision hinzugezogenen Herren hielten verschiedene Positionen für zu niedrig gegriffen, insbesondere bei Titel II (Erd- und Böschungsarbeiten), Titel VII (Oberbau) und Titel IX (Bahnhöfe). Obgleich Herr Bormann in den meisten Fällen die ursprünglichen Ansätze für genügend hielt, hat er doch fast durchweg die von den anderen Herren vorgeschlagenen Erhöhungen in den revidierten, sub K beiliegenden Anschlag aufgenommen, der hierdurch umsomehr für ausreichend erachtet werden darf*).

Dieser Anschlag, in welchen 4 Prozent Bauzinsen, Erneuerungen, Abnutzungen, Betriebsausfälle während der Bauzeit und Reservestellungen, sowie unvorherzusehende Ausgaben reichlich eingesetzt sind, schliesst also für die 291 Kilometer betragende Baustrecke mit 11,850,000 Mark ab. In diesem Betrag sind für die Abzweigung nach Bagamoyo 1,100,000 Mark vorgesehen.

*) Über die Wahrscheinlichkeit, den Bau mit noch geringerem Kostenaufwand auszuführen, vergleiche das Schlusswort. W. O.

Es mag übrigens hier gleich die Bemerkung Platz finden, dass zur Zeit, wenn der Bau wirklich beginnen soll, die Frage der Langen'schen Schwebebahn sich voraussichtlich in einem weit vorgerückteren Stadium befindet*), sodass in dieser Beziehung definitive Beschlüsse gefasst werden können. In solchem Falle könnte beschlossen werden, den Anschluss von Bagamoyo bis Mpiyi (33 Kilometer) nach dem Schwebebahnsystem auszuführen, wie die Expertenkommission befürwortet; die Gesammtbaukosten würden sich hierdurch voraussichtlich um einige Hunderttausend Mark verringern. Hierbei bemerken wir noch, dass, statt der Linie über Mpiyi, die Terrainverhältnisse auch eine direkte Linie vom Kingani-Übergang bei Mafisi nach Dar-es-Salâm gestatten, in welchem Falle eine Zweigbahn nach Bagamoyo von dort ihren Ausgang zu nehmen hätte**). Nur soviel dürfte nach der Ansicht der Mehrheit des Comites feststehen, dass der Anschluss von Bagamoyo in einen, wie in anderen Falle keine Kosten beansprucht, die ausser Verhältnis zu der Wichtigkeit dieses Platzes stehen, dass aber die definitiven Entscheidungen über die Art dieses Anschlusses erst von der künftigen definitiven Bauverwaltung getroffen werden können.

Für die Bauzeit sah der erste Anschlag $2^1/_2$ Jahre vor. Die Herren Wiskow und Bernhard halten diese Zeit für zu kurz bemessen, obgleich der Kingani stets für Dampfpinassen und einen ansehnlichen Teil des Jahres hindurch auch für die schwersten Gütertransporte soweit befahrbar ist, dass die Baumaterialien bis Mafisi, also bis etwa in die Hälfte der Baustrecke, zu Wasser herangeschafft werden können, der Bau der ganzen Linie demnach von drei Punkten aus gleichzeitig in Angriff genommen werden kann, nämlich von Dar-es-Salâm, Bagamoyo und Mafisi, und von letzterem Punkte aus sogar nach zwei Richtungen. Auch an das bedeutendste Bauwerk des ersten Bauabschnitts, die Brücke über den Kingani, kann hiernach sofort herangetreten werden.

Der revidierte Anschlag sieht für die Bauzeit 4 Jahre vor, wobei etwa ein Jahr für Vorbereitung und Abrechnung einbe-

*) Dies ist leider, bis Frühjahr 1899 wenigstens, noch nicht der Fall. W. O.

**) Wie schon in einer vorhergegangenen Anmerkung erwähnt, wird in dem Schlusswort diese Linie in erster Linie empfohlen. W. O.

griffen ist; der eigentliche Bau wird, unter Berücksichtigung obiger günstiger Umstände, hoffentlich nur $2^1/_2$, höchstens 3 Jahre beanspruchen. Wir müssen alles Denkbare aufbieten, um die Engländer keinen Vorsprung mit ihrer Bahn von Mombassa nach Uganda gewinnen zu lassen.

5. Betriebskosten und Rentabilität.

Gleich wichtig wie die Ermittelung der Baukosten ist die Aufstellung der Betriebskosten für die erste Baustrecke, welche ebenfalls anliegt. Sie ist mit derselben Vorsicht und unter Zuziehung derselben Herren Sachverständigen aufgestellt, wobei verschiedene, wenn auch nur mässige Erhöhungen des ursprünglichen Anschlags vorgenommen wurden. Selbstverständlich muss aber auch für die Betriebskostenberechnung, wie für den Bauanschlag die Reserve gelten, dass hier für ein genaues Zutreffen, wie es selbst unter europäischen Verhältnissen nicht immer möglich ist, keine weitergehende Verantwortung übernommen werden kann, als die Versicherung stattgehabter gewissenhafter Erforschung aller einschlagenden Verhältnisse.

Anlage M.

In der betreffenden Anlage sind zuerst die Betriebskosten in der Unterstellung berechnet, dass in jeder Richtung täglich nur Ein Zug abgelassen werde*). Sie betragen, einschliesslich Centralverwaltung, jährlich 716,000 Mark oder pro Tag 1962 Mark, oder pro Zug-Kilometer 3,16 Mark. Dieselben erhöhen sich bei einem Verkehr von zwei Zügen täglich, auf 890,000 Mark im Jahr oder 2438 Mark pro Tag, vermindern sich jedoch im Verhältnis zu den beförderten Nutzlasten auf 1,93 Mark pro Zug-Kilometer, also auf 61 Prozent der relativen Betriebskosten beim Verkehr mit nur einem Zug, während die Totalsumme der Betriebskosten nur um 24 Prozent gestiegen ist.

Wie nun der eine Faktor für Berechnung der Rentabilität einer Bahn in den Betriebskosten und Zinsen der Anlage gegeben ist, so bilden die Einnahmen aus dem Personen- und Güterverkehr den anderen Faktor. Eines näheren Eingehens hierauf, also einer auf willkürlich gegriffene Verkehrsverhältnisse

*) Der wörtliche Abdruck dieser Anlage dürfte für weitere Kreise kein Interesse gewähren. W. O.

und Transportmengen aufgebauten fingierten Rentabilitätsberechnung enthalten wir uns aber vollständig. Dieser Eisenbahnbau ist ein Gebot der wirtschaftlichen und politischen Notwendigkeit. Der jetzt von und nach unserer Küste stattfindende Handelsverkehr, von dessen verhältnismässiger Geringfügigkeit die anliegende Statistik*) ein Bild giebt, kann nach keiner Richtung als Ausgangspunkt für Vorausberechnungen des künftigen Verkehrs oder der Rentabilität der Centralbahn dienen. Wie aus dem oben Ausgeführten und insbesondere dem Bericht Anlage J hervorgeht, sind in dem grossen, vielleicht von zwei Millionen Menschen bewohnten Lande zwischen dem Ozean und den grossen Binnenseen, welches die Centralbahn aufschliessen wird, alle Grundlagen für eine grossartige wirtschaftliche Entwickelung vorhanden, und ganz besonders bietet der erste Bauabschnitt in dieser Beziehung die beste Gewähr. Nach der Betriebskostenberechnung entfallen bei täglicher Ablassung Eines gemischten Güter- und Personenzuges nach jeder Richtung (auf grössere Transportmengen wollen wir vorläufig nicht rechnen) auf den Tag an Unkosten 1962 Mark und auf den Zug-Kilometer 3,16 Mark. Um diese Kosten zu decken, müssen also die Einnahmen mindestens den gleichen Betrag abwerfen, welcher aber schon erreicht wird, wenn mit jedem Zug 1 Person zum Satz von 10 Pfennig (etwa der deutsche Satz der ersten Klasse), 5 Personen zum Satz von 2 Pfennig (dem Normalsatz der vierten Klasse auf den preussischen Staatsbahnen) und 100 Doppelzentner Güter zum Durchschnittssatz von 3 Pfennig pro Kilometer (etwa das dreifache der deutschen Stückgütertarife) über die ganze Bahnlänge befördert werden. Um eine Verzinsung der Bahn von z. B. 3 Prozent zu erzielen, brauchen die Einnahmen pro Tag nur um 946 Mark zu steigen. Es dürfte keine übertriebene Erwartung sein, dass solche Einnahmen schon nach sehr kurzer Betriebszeit, vielleicht schon von der vollständigen Eröffnung des Bauabschnittes, ab, erreicht werden. Ausser allem Zweifel wird

Anlage N.

*) Die ursprüngliche statistische Beilage zu gegenwärtiger Denkschrift ist soweit ergänzt worden, als sich im Auswärtigen Amt zuverlässige Zahlen ermitteln liessen. W. O.

auch der Eisenbahnbetrieb wesentliche Erhöhungen der Ein- und Ausfuhrzölle im Gefolge haben; es wäre indess müssig, sich in Behauptungen oder Vermutungen zu ergehen, wie hoch und wie rasch sich diese Steigerung der Zolleinnahmen vollziehen wird. Auch kommen noch die Ersparnisse in Betracht, welche der Kolonialverwaltung aus der Eisenbahn, im Vergleich mit den jetzigen hohen Trägerlöhnen, der Postbeförderung u. s. w. erwachsen werden.

Bei Erörterung der Rentabilitätsfrage ist insbesondere im Auge zu behalten, dass man es unter den dortigen Verhältnissen durch die Fracht- und Personentarife in weit ausgiebigerer Weise in der Hand hat, die Einnahmen mit den Ausgaben ins Gleichgewicht zu setzen und darüber hinaus zu steigern, wie bei den Konkurrenzverhältnissen und Anforderungen, denen die meisten europäischen Eisenbahnen unterliegen. Die Anziehungskraft und wirtschaftliche Fruchtbarkeit der Eisenbahn wird durch die Differenz ihrer Frachtsätze und Personentarife gegen die bisher im Karawanenverkehr aufgewandten Kosten bedingt. Wie gross aber dieser Unterschied sich herausstellen wird, und wie weit der Spielraum ist, innerhalb dessen sich die Tariffestsetzungen bewegen können, ergiebt sich aus der Vergleichung mit den jetzigen Trägerlöhnen der Karawanen. Nimmt man an, dass ein Träger allerhöchstens 30 Kilogramm in einem Tage 20 Kilometer weit tragen kann und dafür mindestens 60 Pfennig bezieht, welche Kosten sich für den Unternehmer noch um mehr als die Hälfte durch die Aufsicht, Mitführung der Lebensmittel, Verluste aller Art, Aufenthalt u. s. w. steigern, so ergiebt sich ein Frachtsatz für 100 Kilogramm von etwa 15 Pfennige pro Kilometer, oder wenig unter dem 15 fachen des durchschnittlichen Frachtsatzes für Stückgüter in Deutschland. Bei solchen enormen Unterschieden zwischen Karawanen- und Eisenbahnbeförderung muss sich mit Naturnotwendigkeit der Güterverkehr mit der Zeit ausserordentlich steigern, indem zahllose Güter transport- und exportfähig werden, die es zur Zeit nicht sind, auch enorme Bodenflächen dem zur Zeit nicht lohnenden Anbau erschlossen werden. Und zu all diesem rechnerisch feststellbaren Vorteil tritt noch der Vorteil der weitgehendsten Zeitersparnis hinzu. Selbst wenn man das Tausendfache des jetzigen Verkehrs in

Aussicht nimmt, so dürfte dies, sogar für naheliegende Zeiten, noch zu niedrig gegriffen sein. Es ergiebt sich aber zugleich hieraus, von welch unendlicher Wichtigkeit die zukünftige Tarifpolitik für Ost-Afrika sein wird, und mit welcher Umsicht dabei zwischen den finanziellen Interessen der Bahn wie des Reichs, und den Erfordernissen der wirtschaftlichen Aufschliessung des Schutzgebietes vermittelt werden muss. Bei kostbaren Gegenständen, wie z. B. Elfenbein, welche so enorme Transportkosten im Karawanenverkehr ertragen, können die Frachtsätze sehr hoch gegriffen werden, während bei anderen Gegenständen, insbesondere Bodenerzeugnissen, die Rücksicht auf das finanzielle Erträgnis vollständig der wirtschaftlichen Rücksicht auf die kulturelle Entwickelung des von der Eisenbahn durchzogenen Gebietes untergeordnet werden muss.

Gewiss ist es auch gestattet, bei Gelegenheit der Rentabilitätsfrage darauf hinzuweisen, dass die Kosten des Karawanenverkehrs im Bereich der künftigen Centralbahn auf etwa 6 Millionen Mark jährlich*) veranschlagt werden. Sollte es ausser dem Bereich selbst der nüchternsten Erwartung liegen, dass die Eisenbahn-Einnahmen für Personen- und Güterverkehr mit der Zeit einen ähnlichen Betrag erreichen, ja überschreiten könnten, welcher die Betriebskosten decken und eine Dividende von vielleicht 5% abwerfen würde? Sicherlich wird lange Zeit vergehen, bis der Handel sich der durch die geringen Eisenbahnfrachten transportfähig werdenden Güter bemächtigt, bis der Plantagenbau, die Bodenkultur, kurz die ganze Produktion sich ausgedehnt hat, bis die vielen Tausende (die Schätzungen gehen bis 100000), welche auf dieser Route jährlich als Träger im Karawanenverkehr thätig waren, andere produktive Beschäftigung gefunden haben und Güter zum Austausch mit deutschen Waaren zu Markt bringen. Aber kommen wird diese Zeit, — das steht ausser Zweifel.

Indem wir hiermit den Bericht schliessen, hoffen wir, den Antrag begründet zu haben, dass mit möglichster Beschleunigung, sei es auf Reichskosten, sei es mit Reichshilfe, eine Bahn von Dar-es-Salâm nach Ukami, unter

*) Dieser Anschlag wird neuerdings noch als viel zu niedrig bezeichnet. W. O.

Anschluss Bagamoyos, als erster Bauabschnitt einer die Küste mit den Seegebieten des Viktoria-Nyanza und Tanganyka verbindenden Deutsch-Ost-Afrikanischen Centralbahn, in Angriff genommen werde. Damit verbinden wir, mit Bezug auf die Festsetzung in § 7 der Vereinbarung vom 11. März 1895 den Hinweis, wie sehr es bezüglich der der Usambara-Eisenbahn zu gewährenden Reichshilfe auf Beschleunigung ankommt, damit diese Eisenbahn ihre Linie Tanga—Muhese ohne Arbeitsunterbrechung zunächst bis Korogwe weiterführen und diese fruchtbaren Gebiete vollständig dem dort in so glänzender Entwickelung begriffenen Plantagenbau und der Besiedelung erschliessen kann.

Auf die Entscheidungen, welche nunmehr nach § 4 der Vereinbarung von Seiten der Reichsregierung zu erwarten sind, kann das Comite, dessen Aufgaben mit gegenwärtiger Berichterstattung beendet sind, keinen Einfluss üben wollen, gestattet sich jedoch, seine unmassgebliche Meinung dahin auszusprechen, wie es im Sinne unserer Kolonialpolitik und im allgemeinen Interesse liegen dürfte, die Durchführung des grossen Unternehmens der Ost-Afrikanischen Centralbahn nicht auf Reichskosten zu übernehmen, sondern einer soliden Privateisenbahngesellschaft anzuvertrauen und derselben solche Beihilfen zu gewähren, dass sie das deutsche Grosskapital immer mehr in den Dienst der kolonialen Sache hineinziehen. Eine übermässige und noch weniger eine dauernde Inanspruchnahme von Mitteln des Reichs oder der Kolonialverwaltung wird, wie wir nachgewiesen zu haben glauben, zur Erreichung dieses Zieles nicht erforderlich sein.

Berlin, den 19. Juni 1896.

Das Comite für die Deutsch-Ost-Afrikanische Centralbahn.

Dr. Oechelhaeuser.

Anlage A.

Vereinbarung betreffend den Bau einer Deutsch-Ostafrikanischen Centralbahn.

Es treten:

1. die Kolonial-Abteilung des Auswärtigen Amtes,
2. die Deutsch-Ostafrikanische Gesellschaft, und
3. die Deutsche Bank, sämtlich in Berlin,

auf Grund nachstehender Vereinbarungen zu einem Comite zusammen, welches die Einleitung zum Bau einer deutsch-ostafrikanischen Centralbahn bezweckt, um die Küste des deutsch-ostafrikanischen Schutzgebietes mit dem Seengebiet des Tanganyka und Victoria-Nyanza zu verbinden.

§ 1.

Die Deutsche Bank erklärt hierdurch ihre Bereitwilligkeit, sich zu einem Dritteil an den Kosten der Vorarbeiten zu der Eingangs gedachten Eisenbahnanlage zu beteiligen, während die beiden anderen Dritteile in gleicher Höhe von der Kolonial-Abteilung des Auswärtigen Amtes und der Deutsch-Ostafrikanischen Gesellschaft aufzubringen sind. Den beiden letzteren vertragschliessenden Teilen sollen hierbei die für den Beginn dieser Tracierungsarbeiten bereits verausgabten Beträge in Anrechnung gebracht werden, wogegen die hieraus bestrittenen Vorarbeiten in das gemeinschaftliche Eigentum der drei vertragschliessenden Teile übergehen. Die vertragschliessenden Teile gehen von der Voraussetzung aus, dass es sich nicht sowohl um eigentliche, den Bau unmittelbar vorbereitende Vorarbeiten und Veranschlagungen handelt, sondern um eine vorläufige Rekognoszierung des Terrains und um solche Vermessungen, welche bezwecken, die Lage und Richtung der Bahn im Allgemeinen festzustellen und einen Überblick über die voraussichtlich erforderlichen Kosten zu gewinnen.

§ 2.

Wenn es sich mit dem Fortschreiten dieser Vorarbeiten, deren Dauer auf 2 bis 3 Jahre geschätzt wird, herausstellen sollte, dass deren Kosten eine Gesamtsumme von 300 000 Mk. übersteigen, so ist jeder der drei vertragschliessenden Teile berechtigt, weitere Zuschüsse zu verweigern. In solchem Falle sind die beiden anderen vertragschliessenden Teile, oder jeder einzelne, berechtigt, während 14 Tagen vom Tage der Weigerung ab gerechnet, gegen Erstattung der Kosten, die Cession des Anteils des ausscheidenden vertragschliessenden Teiles zu verlangen.

§ 3.

Die Leitung der Vorarbeiten wird unter Kontrolle und Mitwirkung der Kolonial-Abteilung des Auswärtigen Amtes in die Hände eines Comites gelegt, in welches jeder der drei vertragschliessenden Teile drei Mitglieder entsendet. Den Vorsitzenden ernennt die Kolonial-Abteilung des Auswärtigen Amtes aus der Mitte des Comites; den Stellvertreter desselben wählen die beiden anderen vertragschliessenden Teile. Eine von der Kolonial-Abteilung des Auswärtigen Amtes zu bestätigende Geschäfts- und Arbeitsordnung des Comites wird dessen Geschäftsgang regeln und ein organisatorisches Reglement die Grundzüge feststellen, wonach die Vorarbeiten in Ostafrika persönlich und sachlich zu leiten sind, sowie die Grundsätze, welche insbesondere für die Wahl und Tracierung der Linie, und für die Veranschlagung im Allgemeinen massgebend sein sollen. Das Comite wählt, unter Genehmigung der Kolonial-Abteilung, aus seiner Mitte oder aussserhalb derselben einen Geschäftsführer und bestimmt insbesondere dessen Befugnisse bezüglich Anstellungen und Gelddispositionen. Auch können bestimmte Befugnisse auf Ausschüsse oder auf Delegierte innerhalb oder ausserhalb des Comites übertragen werden.

§ 4.

Sobald die Vorarbeiten ihren Abschluss erreicht haben werden, sollen deren Resultate in einem Bericht an den Reichskanzler zusammengefasst werden, der sich hiernach entscheiden wird, ob er a) überhaupt die ganze Angelegenheit des Baues einer deutsch-ostafrikanischen Centralbahn fallen lassen oder weiter verfolgen, oder ob er b) diesen Bau auf Kosten des Reichs oder der Kolonie selbst in die Hand nehmen, oder ob er c) einer zu bildenden Eisenbahngesellschaft die Konzession zum Bau übertragen will. In dem Falle zu a) bleiben die Vorarbeiten gemeinschaftliches Eigentum der drei vertragschliessenden Teile und dürfen von keinem derselben ohne Zustimmung der anderen benutzt werden. In dem Falle zu b) werden den im Eingange unter 2 und 3 aufgeführten vertragschliessenden Parteien die auf ihren Teil fallenden Auslagen für die Vorarbeiten vom Reich zurückerstattet. Für den Fall zu c) wird jedem der drei vertragschliessenden Teile der Ersatz für seine Auslagen durch als vollgezahlt geltende Anteilsscheine der zu bildenden Eisenbahngesellschaft zugesichert.

§ 5.

Für den Fall § 4 zu c) wird allseitig von der Annahme ausgegangen, dass sich das zum Bau und Betrieb der gedachten Bahn erforderliche Privatkapital ohne direkte und indirekte Unterstützung des Reiches nicht zusammenfinden wird. Der Reichskanzler stellt deshalb hierdurch eine solche Unterstützung in der Form von Landüberlassungen — nach Art der Zugeständnisse an die Eisenbahn-Gesellschaft für Deutsch-Ostafrika (Usambara-Linie) — und von Zuschüssen aus dem nach Vorwegbezahlung des der Deutsch-Ostafrikanischen Gesellschaft von der Kaiserlichen Regierung vertragsmässig zugesicherten Jahresbetrages von 600 000 Mk. verfügbar bleibenden Brutto-Zollerträgnisse bis zum Höchstbetrage einer Verzinsung des Gesellschaftskapitals von 3 Prozent in Aussicht, unter Vorbehaltung der Genehmigung des Bundesrates und des Reichstages. Hierbei wird in Aussicht genommen, die zuletzt erwähnten Zuschüsse erst von der streckenweisen Eröffnung des Betriebes ab allmählich eintreten zu lassen, während des Baues dagegen die Zinsen dem Kapital zu entnehmen. Ebenso wird in Aussicht genommen, die aus den Zolleinnahmen geleisteten Zuschüsse allmählich dem Reich zurückzuvergüten, wenn das Bauunternehmen über einen gewissen Prozentsatz hinaus Dividende abwirft. Es wird ausdrücklich von den im Eingange unter 2 und 3 aufgeführten vertragschliessenden Teilen anerkannt, dass die Kaiserliche Regierung durch vorstehende Zusicherungen keine rechtsverbindliche Verpflichtung übernimmt und dass dadurch in keiner Weise den späteren endgültigen Entschliessungen der Kaiserlichen Regierung in dieser Angelegenheit vorgegriffen wird. Auf der anderen Seite übernehmen die Deutsche Bank und die Deutsch-Ostafrikanische Gesellschaft ebensowenig schon jetzt eine bindende Verpflichtung, gegen Gewährung gedachter Unterstützungen das erforderliche Kapital für das Unternehmen aufzubringen, behalten sich vielmehr, ebenso wie die Kaiserliche Regierung, ihre endgültige Entscheidung für die nach Abschluss der Vorarbeiten nach § 4 zu c) einzuleitenden Konzessionsverhandlungen vor.

§ 6.

Bezüglich dieser Konzessionsverhandlungen wird hierdurch der Deutschen Bank von den im Eingange zu 1 und 2 aufgeführten vertragschliessenden Teilen ein Vorzugsrecht dahin eingeräumt, dass ihr in erster Linie die Aufbringung der für den Bahnbau erforderlichen Mittel und die Bildung des hierzu voraussichtlich notwendigen Syndikats überlassen werden soll. Sollte die Deutsche Bank binnen einer vom Reichskanzler zu bestimmenden, mindestens aber drei Monate betragenden Frist mit der Bildung des Syndikats nicht zu Stande kommen, so erlischt dieses Vorzugsrecht, und steht es von da ab den beiden anderen vertragschliessenden Teilen frei, sich an andere Bankhäuser zu wenden. Auch in diesem Fall werden sie jedoch Sorge tragen, dass der Deutschen Bank von jenen Häusern beim Abschluss des Geschäfts eine Gleichberechtigung an allen mit der Finanzierung zusammenhängenden Massnahmen und Vorteilen eingeräumt wird und bleibt.

§ 7.

Durch vorstehende Vereinbarungen sollen, wie sämtliche vertragschliessende Teile hierdurch anerkennen, weder die seitens der Kaiserlichen Regierung der Deutsch-Ostafrikanischen Gesellschaft durch § 7 sub 3 des Vertrages vom 20. November 1890*) und die ihr durch den Vertrag

*) Dieser § 7, 3 hat folgenden Wortlaut: „Bei der Konzessionierung des Baues und Betriebes von Eisenbahnen im Küstengebiet, dessen Zubehörungen,

vom 3. August 1891 eingeräumten Rechte, noch die Rechte berührt werden, welche der Eisenbahn-Gesellschaft für Deutsch-Ostafrika (Usambara-Linie) durch die ihr seitens der Kaiserlichen Regierung am 22. November 1891 erteilte Konzession und durch den Vertrag mit der Deutsch-Ostafrikanischen Gesellschaft vom 1. Dezember 1891 eingeräumt worden sind. Die vertragschliessenden Teile sprechen jedoch jetzt schon ihr Einverständnis dahin aus, dass, falls und sobald sich der Reichskanzler nach § 4 c) für die Einleitung von Verhandlungen behufs Konzessionierung einer Deutsch-Ostafrikanischen Central-Eisenbahn-Gesellschaft entschieden haben wird, die Eisenbahn-Gesellschaft für Deutsch-Ostafrika (Usambara-Linie) das Recht haben soll, unter Abänderung ihrer mit der Reichsregierung bestehenden Abmachungen, dieselben Vorteile für sich zu beanspruchen, welche die Central-Eisenbahn-Gesellschaft seitens der Kaiserlichen Regierung erhält, dergestalt, dass die Grundlagen für beide Gesellschaften dieselben sein sollen. Vorstehende Verabredung gilt sowohl für den Fall, dass die Central-Eisenbahn die Fortsetzung der Usambara-Linie bilden, als dass erstere einen anderen Hafen der Ostküste zum Ausgangspunkte wählen würde.

§ 8.

Den Bankhäusern der Deutsch-Ostafrikanischen Gesellschaft nämlich: Mendelssohn & Co., Robert Warschauer & Co., Delbrück Leo & Co. sämtlich in Berlin, und von der Heydt-Kersten & Söhne in Elberfeld wird das Recht vorbehalten, sich binnen einer Frist von 8 Tagen nach Unterzeichnung gegenwärtigen Vertrages zu erklären, ob sie gemeinsam mit der Deutschen Bank in die von derselben übernommenen Rechte und Pflichten eintreten wollen*).

Berlin, 11. März 1895.

---

auf der Insel Mafia und in dem Gebiet des Kaiserlichen Schutzbriefes soll der Gesellschaft im Falle der Übernahme und der Erfüllung der gestellten Konzessions-Bedingungen ein Vorrecht vor anderen Bewerbern zustehen. Die ihr, im Fall sie von diesem Vorrecht Gebrauch macht, zu erteilende Bau- und Betriebs-Erlaubnis soll übertragbar sein.“

*) Diese Erklärung ist seitens der genannten vier Bankhäuser am 13. März 1895 protokollarisch abgegeben worden.

Plan zur Durchführung des Baues einer Centralbahn in Deutsch-Ost-Afrika.

1. §§ 2 und 4 der Vereinbarung vom 11. März d. J. gehen ihrem Wortlaut nach von der Unterstellung aus, dass das ganze Central Eisenbahn-Unternehmen vom wirtschaftlichen, wie finanziellen Gesichtspunkt als ein einheitliches aufgefasst werden soll. Diese Auffassung muss auch unbedingt massgebend bleiben. Es steht damit jedoch nicht in Widerspruch, wenn, ohne den in § 4 betonten Finalabschluss der Vorarbeiten abzuwarten, der nach § 2 erst in zwei bis drei Jahren in Aussicht genommen ist, mit dem Fortschreiten der Vorarbeiten schon Partialabschlüsse herbeizuführen, hierüber an den Reichskanzler zu berichten und die in § 5 für das Ganze vorgesehene Entscheidung des Reichs wie der Banquiergruppe bezüglich des Eintritts in das ganze Unternehmen schon für den ersten Bauabschnitt herbeizuführen und auf diesem Wege successive fortzuschreiten.

2. Diese Zerlegung der grossen Aufgabe in mehrere Abschnitte, sagen wir drei oder vier, kann zunächst unter den in Ost-Afrika obwaltenden Verhältnissen und geographischen Bedingungen dem prinzipiellen Bedenken nicht unterliegen, wie dies z. B. in Europa der Fall sein dürfte, wenn eine Eisenbahn bestimmt ist, zwei hochentwickelte Städte mit einander zu verbinden. Hier würde die Zerlegung in einzelne Abschnitte unter Umständen sehr bedenklich sein, wenn der wirtschaftliche und finanzielle Erfolg des Unternehmens lediglich davon abhängt, dass beide Endpunkte erst in Verbindung gesetzt sein müssen, um den wirtschaftlichen und finanziellen Zweck des Unternehmens zu erreichen, während die Abschnitte in sich nicht lebensfähig wären. In Ost-Afrika liegt dies ganz anders. Auch hier wird sicherlich dem Unternehmen einer Bahn von der Küste nach dem Seengebiet des Tanganyka und Viktoria-Nyanza eine erhöhte Rentabilität gesichert, wenn diese Endpunkte erst erreicht sein werden, indem die Seen alsdann gleichsam die kostenlose Verlängerung der Eisenbahn bis an deren Peripherie darstellen. Allein die wirtschaftliche und dadurch bedingte finanzielle Grundlage der Ost-Afrikanischen Centralbahn ist in erster Linie die Ersetzung der Karawanenwege, des Warentransports auf den Köpfen der Eingeborenen, der primitivsten Menschenbeförderung, durch den Träger der wirtschaftlichen Entwickelung und Zivilisation des 19. Jahrhunderts, die Eisenbahn. Die Herabminderung der jetzigen enormen Transportkosten auf einen Minimal-Bruchteil wird den bis jetzt auf wenige kostbare Transportgegenstände, wie z. B. Elfenbein, beschränkten Warenaustausch verhundertfachen, zahl-

lose Landesprodukte und Waren aller Art transportfähig machen und ganze Landschaften der Kultur erschliessen, die bisher trotz des fruchtbarsten Bodens brach liegen. Hier hat also nicht blos die Verbindung der Endpunkte, sondern der Ausbau jeder einzelnen Strecke, von der Küste ausgehend, seine selbstständige wirtschaftliche und kulturelle Bedeutung, im Verhältnis der dadurch herbeigeführten Abkürzung des Karawanenwegs. Wie aber unsere Handelsstatistik erweist, ist auf der Grundlage des jetzigen Karawanenverkehrs keine Steigerung unseres bisher so unbedeutenden Ein- und Ausfuhrhandels mehr zu erwarten. Es ist also im Allgemeinen schon ein Gebot grösster Dringlichkeit, endlich energisch und zielbewusst die Wege einzuschlagen, welche allein geeignet sind, unser grosses Schutzgebiet wirtschaftlich und kulturell zu erschliessen, den Landesschutz wirksamer zu organisieren, die Missionen zu fördern und den Sklavenhandel, sowie das Unwesen des Karawanenverkehrs, der sich oft nicht viel von Raubzügen unterscheidet, zu unterdrücken.

3. Die Zerlegung des grossen Unternehmens in einzelne Bauabschnitte und die möglichst zu beschleunigende Inangriffnahme des ersten derselben, auf Gruudlage der zwischem dem Reich und der Baugesellschaft nach § 5 der Vereinbarung vom 11. März d. J. festzusetzenden Konzessionsbedingungen erscheint aber unter verschiedenen Gesichtspunkten heute noch viel dringlicher, als dies vor wenigen Monaten, beim Abschluss gedachter Vereinbarung, vorzusehen war.

Als erstes Motiv, welches man das politische nennen dürfte, muss die in steter Steigerung begriffene, von der öffentlichen Meinung und den beiden grossen politischen Parteien getragene Teilnahme Englands an seinem Schutzgebiet Uganda ins Auge gefasst werden. Von der zögernden Annahme der von der bankerotten Britisch-Ost-Afrikanischen Gesellschaft gestellen Übernahmebedingungen an bis zu den letzten Erklärungen der Regierung im Parlament, dass dem Eisenbahnbau von Uganda nach der Küste (Mombassa) nähergetreten werden müsse, manifestiert sich ein stetes Fortschreiten der öffentlichen Meinung Englands in dieser Richtung, welches die baldige Inangriffnahme dieses Unternehmens für jeden Kundigen ganz ausser Zweifel stellt*). Ja, ein Übergang der Regierung an die dem jetzigen Ministerium entgegenstehende politische Partei würde die Herbeiführung jenes Zeitpunktes nur beschleunigen. So sehr nun auch jede mit englischem Geld gebaute und englisches Schutzgebiet durchziehende Eisenbahn vom Viktoria-Nyanza nach der Küste, den bestehenden Verträgen gemäss, auch dem von Deutschen betriebenen Handel dienstbar wäre, so lehrt doch ein Blick auf die Karte, wie unendlich vorteilhafter für uns eine das Innere unseres Schutzgebiets aufschliessende und den Handel vom Viktoria-Nyauza wie vom Tanganyka nach den deutschen Häfen Ost-Afrikas lenkende Eisenbahn sein würde, deren Betrieb, Tarif-

*) Sie ist bekanntlich inzwischen im Frühjahr 1896 schon erfolgt und die Bahn im Frühjahr 1899 bereits bis etwa auf ein Drittel der ganzen Länge ausgeführt. W. O.

grundsätze u. s. w. lediglich vom deutschen Interesse geleitet und die uns überdies die Einnahmen aus den wichtigen, zur Zeit noch unentbehrlichen Ausfuhrzöllen auf Elfenbein u. s. w. sichern würden. Die Notwendigkeit und die Vorteile einer Durchführung der Deutsch-Ost-Afrikanischen Centralbahn werden aber nicht blos durch die Anlage einer englischen Konkurrenzbahn Uganda-Mombassa an sich gesteigert, sondern es erscheint auch als höchst dringlich, die Engländer keinen zeitlichen Vorsprung gewinnen zu lassen, damit der Handel nicht erst in jene konkurrierenden Wege abgelenkt wird, was schwer wieder zu redressieren ist. Es sind also nicht blos allgemein politische, sondern auch schwerwiegende wirtschaftliche und finanzielle Rücksichten, welche uns gebieten, so bald als möglich von unserer Küste aus mit einer Eisenbahn nach dem Seengebiet vorzudringen; diese Beschleunigung der Inangriffnahme ist aber wiederum nur zu ermöglichen, wenn man den Bau abschnittweise in Angriff nimmt.

4. Es treten aber auch noch andere gewichtige Momente in den Vordergrund, die eine Beschleunigung der Inangriffnahme des Baues und zugleich der Feststellung der Konzessionsbedingungen bedingen, was wiederum nur durch eine Zerlegung des Unternehmens in einzelne Abschnitte erreichbar ist.

Ein wesentliches Moment liegt zunächst in der gegenwärtigen Stellung der gesetzgebenden und verwaltenden Faktoren des Reichs zu dem grossen Eisenbahnprojekt. Zum ersten Mal in der Geschichte unserer Kolonialpolitik ist ein positives Eintreten der Reichsregierung — des Reichskanzlers sowohl, als der Kolonialabteilung — für grosse wirtschaftliche Unternehmungen hervorgetreten und hat in der Vereinbarung vom 11. März d. J., wenn auch die wesentlichsten Zusagen des § 5 zunächst nur moralisches Gewicht haben, seinen Ausdruck gefunden. Das gleiche Interesse für die Durchführung der Centralbahn waltet bei dem neuernannten Gouverneur für Deutsch-Ost-Afrika ob. Gleichzeitig hat sich als unzweifelhaft herausgestellt, dass im Reichstag das Interesse an der Kolonialpolitik und die Opferwilligkeit für deren Zwecke im Allgemeinen gestiegen sind. Insbesondere hat, wenn auch noch keine Veranlassung war, sich gesetzgeberisch damit zu beschäftigen, das Projekt der Ost-Afrikanischen Centralbahn gelegentlich der Besprechungen in den Kommissionen wie im Plenum, eine so günstige Aufnahme gefunden, dass von Seiten des Reichstags voraussichtlich die zur Durchführung notwendigen Bewilligungen zu erwarten sind, wenn sie sich in mässigen, den jeweiligen Mitteln des Reichs angemessenen Grenzen halten. Eine allerseits so günstige Strömung unbenutzt vorübergehen zu lassen, sie den Möglichkeiten des Personenwechsels, veränderter politischer Strömungen, wechselnder Parteikonstellationen und unvorherzusehender Ereignisse aller Art auszusetzen, wäre taktisch nicht weise gehandelt. Was sich heute durchsetzen lässt, ist vielleicht undurchführbar geworden, wenn man jahrelang und bis zur vollständigen Beendigung der gesamten Vorarbeiten die Inangriffnahme des Baues und die Vereinbarung der Konzessionsbedingungen hinausschieben wollte.

Trotz der gegenwärtigen Geneigtheit aller massgebenden Faktoren darf man sich aber keinen Illusionen darüber hingeben, dass diese Geneigtheit sich nur dem Plan im Allgemeinen, nicht bestimmten, in Zahlen und Paragraphen vorliegenden bindenden Bedingungen gegenüber manifestiert hat. Dass es sich hier nicht um Kleinigkeiten der Reichsbewilligung handeln, dass äusserstenfalls (wenn auch höchst unwahrscheinlich) in den Anfangsjahren die Zinsgarantie von 3% auf ein Kapital von 30, vielleicht 40 Millionen Mark voll in Anspruch genommen werden könne, dies war leicht zu übersehen und hat weder die Reichsregierung, noch die parlamentarischen Führer abgeschreckt, die Sache günstig aufzufassen. Ja man darf sogar behaupten, dass die Kühnheit und Grösse des Planes seien Anziehungskraft verstärkt, vielleicht geschaffen hat. Allein, damit ist keineswegs verbürgt, dass nur Einer der massgebenden Faktoren sich ohne weiteres mit solchen grossen Verbindlichkeiten für das ganze Projekt belasten würde, auf einem Gebiet insbesondere, wo die Vorausberechnungen des zu erwartenden Personen- und Güter-Verkehrs, der Betriebskosten und Rentabilität auf so unsicherer Grundlage ruhen, wie bei Eisenbahnen in den Kolonien. Schon diese Rücksicht allein scheint massgebend für ein vorsichtiges, schrittweises Vorgehen in der Durchführung des Unternehmens und Übernahme finanzieller Verbindlichkeiten seitens des Reichs oder der Kolonialverwaltung.

5. Dieselbe Rücksicht wie für die Reichsorgane, nämlich nicht mit verbundenen Augen unübersehbare Risiken einzugehen, muss aber auch bei der Banquier-Gruppe obwalten, welche das grosse Unternehmen finanzieren und den Aktionären gegenüber die moralische Verantwortlichkeit dafür übernehmen will. Es ist wohl ausser Frage, dass die Beschleunigung der Inangriffnahme des Baues und der Vereinbarung der Konzessionsbedingungen an und für sich den Vertretern der finanziellen Seite des Unternehmens nur sehr erwünscht sein kann, indem auf dem Geldmarkt gegenwärtig für grössere derartige Unternehmungen die Stimmung sehr günstig ist, sodass die Unterbringung der Aktien oder Anteilscheine unter Bedingungen, wie sie § 5 der Vereinbarung in Aussicht stellt, wahrscheinlich leicht sein würde. Allein, das in die Konzessionsverhandlungen eintretende Syndikat (§ 6 der Vereinbarung) würde vor allem die Unterlage der für die Finanzierung in erster Linie entscheidenden Zinsgarantie von 3% in Untersuchung ziehen. Diese Zinsgarantie wird durch die Brutto-Erträgnisse der Zolleinnahmen des Schutzgebietes, abzüglich 600 000 Mark, die an die Deutsch-Ost-Afrikanische Gesellschaft abzuführen sind, gewährleistet. Es muss zunächst ausser Rechnung bleiben, ob Reichsregierung und Reichstag jemals eine über die Einnahmen des Schutzgebietes hinausgehende Zinsgarantie direkt auf die Reichskasse übernehmen würden. Unter diesen Umständen haben wir also bezüglich der Zinsgarantie nur mit jenen Zollüberschüssen über 600 000 Mark hinaus zu rechnen. Dieser Überschuss betrug im Rechnungsjahr 1893/94 730 256 Mark. Er ist seitdem, trotz des Herabgehens des Silberkurses (1893

1 Rupie = 1,30 Mk., 1894 nur 1,12 Mk.), in nicht unansehnlichem Steigen; immerhin würde er aber kaufmännisch nur als sichere Deckung für etwa die Hälfte des für die ganze Centralbahn erforderlichen Bau und Betriebskapitals anzusehen sein. Nun kann Niemand ernstlich in Zweifel ziehen, dass die Eisenbahn selbst die Zolleinnahmen wesentlich steigern wird, sodass die fortschreitende Inbetriebsetzung auch erhöhte Deckungsmittel in sich beschaffen wird. Jeder neue Bauabschnitt wird also übersehen lassen, ob die dafür aufzuwendende Kapitalerhöhung in den gesteigerten Zolleinnahmen sichere Deckung für die garantierten Zinsen finden wird, während es andererseits mindestens problematisch bleibt, ob nach Jahren, nach vollständiger Beendigung der Vorarbeiten, diese Zolleinnahmen sich auf der bisherigen Basis des Karawanenverkehrs so gesteigert haben könnten, um dem gesamten Baukapital die Zinsen zu sichern. Was zur Zeit mit Sicherheit in Angriff genommen werden kann und mit Bestimmtheit zum Ziel der Durchführung des ganzen Unternehmens führen wird, könnte durch jenes Abwarten gefährdet, vielleicht für immer vernichtet werden.

6. Es bleibt endlich darauf hinzuweisen, dass der sofortige Beginn des ersten Bauabschnittes auch die hochwichtige Frage der Gesamt-Anlage- und Betriebskosten der Centralbahn aus dem Gebiet der Unbestimmtheit auf die Grundlage fester rechnerischer Anhaltpunkte versetzen würde. Die nach § 2 der Vereinbarung ausgeworfenen 300 000 Mark reichen höchstens, wie auch § 2 ausspricht, für Rekognoszierungen, nicht für eigentliche Tracierungsarbeiten hin, auf Grund deren genauere Veranschlagungen der Baukosten möglich sind. Die Inangriffnahme des ersten Bauabschnittes würde also zugleich und ohne Zeitverlust zu verursachen, die Grundlagen für die fortschreitenden Tracierungen und Veranschlagungen liefern, von deren Kosten dann auch am besten die Kontrahenten der Vereinbarung vom 11. März d. J. durch Übernahme auf die Aktiengesellschaft zu entlasten sein würden und die Bau- und Gesellschaftsleitung dann überhaupt an die Stelle des aufzulösenden Comites treten könnte.

7. Die vorstehenden Erörterungen lassen es fast als ein Gebot der Notwendigkeit, jedenfalls aber der höchsten Zweckmässigkeit erscheinen, mit dem Bau der Centralbahn schleunigst zu beginnen, aber denselben in mehrere Abschnitte einzuteilen. Diese Abschnitte wären von dem technischen Ausschuss dem Comite vorzuschlagen und demnächst, unter Begutachtung des Gouverneurs, mit dem Reichskanzler zu vereinbaren. Die Tracierungsarbeiten würden zunächst auf diesen Abschnitt zu konzentrieren sein, um das für den ersten Bauabschnitt erforderliche Kapital zu ermitteln. Diese Vorarbeiten dürften voraussichtlich noch im Laufe dieses Jahres soweit gedeihen können, dass die inzwischen bereits einzuleitenden Unterhandlungen der Kolonialabteilung und des Syndikats ihren Abschluss durch Einsetzung der Kapitalhöhe fänden. Voraussichtlich dürfte für den ersten Bauabschnitt die Strecke von Dar-es-Salâm und Bagamoyo bis in die Landschaft Ukami oder Usa-

gara genügen, wofür bereits aus früherer und letzter Zeit Tracierungsarbeiten vorliegen, welche die rasche Veranschlagung und den Beginn des Baues ermöglichen. Diese Strecke würde ein Kapital von vielleicht 10 Millionen Mark beanspruchen und neben einer beträchtlichen Abkürzung der Karawanenstrasse zugleich jene fruchtbaren Gebiete dem Plantagenbau eröffnen. Die Inangriffnahme des folgenden, vielleicht bis Tabora zu führenden Abschnittes würde sodann nach den desfallsigen Bestimmungen der Konzessionsurkunde zu behandeln sein, die jedenfalls darauf hinauszulaufen hätten, dass eine Verpflichtung des Syndikats zum Weiterbau, falls keine anderweitige Einigung eintritt, erst dann vorliegt, wenn bestimmte Betriebsresultate oder -Einnahmen erzielt und die weitergehenden Verzinsungen aus den gesteigerten Zolleinnahmen gesichert sind. Die Interessen des Reichs gebieten die gleiche Vorsicht.

Gleichzeitig mit den möglichst bald einzuleitenden Verhandlungen über die Konzessionsbedingungen der Centralbahn würden dann auch die in § 7 der Vereinbarung vorgesehenen Verhandlungen mit der Usambara-Eisenbahngesellschaft Schritt zu halten haben, wodurch, den Zusagen der Reichsregierung entsprechend, falls nicht etwa eine völlige Verschmelzung erfolgt, die rechtlichen Grundlagen beider Gesellschaften in Übereinstimmung gebracht werden sollen. Alle diese Aufgaben können so gefördert werden, dass schon der nächste Reichstag endgültig darüber beschliessen und im nächsten Jahr der erste Spatenstich erfolgen kann. Es ist nicht Übereilung, sondern Vorsicht, welche diese Beschleunigung und das Betreten des vorgeschlagenen Weges gebietet.

Niederwalluf, den 11. Juni 1895.

Dr. Oechelhaeuser.

Anlage C.

An die Mitglieder des Kolonialrats.

Denkschrift über die Anlage einer Ost-Afrikanischen Central-Eisenbahn.

Es ist erfreulich, dass sowohl bei dem Herrn Gouverneur von Deutsch-Ost-Afrika, Freiherrn von Schele, als im Auswärtigen Amt die Überzeugung nunmehr durchgedrungen ist, mit der Erschliessung des Ost-Afrikanischen Gebietes durch Eisenbahnbauten ungesäumt und energisch vorzugehen. Dagegen möchte ich schwerwiegende Bedenken gegen die Gesichtspunkte geltend machen, auf welche sich der Plan des Herrn Gouverneurs stützt, nämlich eine Eisenbahn von Dar-es-Salâm nach dem Nordende des Nyassa-Sees zu bauen.

Zunächst den Ausgangspunkt der Eisenbahn an der Küste betreffend, so ist es Dar-es-Salâm ausser Frage, da es den besten Hafen besitzt. Für absehbare Zeiten jedoch hat Bagamoyo eine noch grössere kommerzielle Wichtigkeit, und dürfte es also unbedingt geboten sein, diesen unseren zur Zeit wichtigsten Stapelplatz und Karawanen-Endplatz, sei es durch die Hauptlinie, sei es durch eine Zweigbahn, jedem Eisenbahnprojekt einzuverleiben, möge man die eine oder die andere Richtung ins Innere wählen. Denn es ist eine Illusion, dass Dar-es-Salâm uns jemals Zanzibar vollständig entbehrlich machen könne. Die Verbindung mit demselben wird für uns stets eine, wenn auch verminderte Wichtigkeit behalten. Da aber von Bagamoyo aus mit Zanzibar am leichtesten zu verkehren ist, so behält es dauernd für uns eine grosse Bedeutung, wenn sich auch Dar-es-Salâm noch so günstig entwickeln möchte. Man muss überdies mit den Schwierigkeiten rechnen, einen seit mehr als 100 Jahren bestehenden Karawanenplatz verlegen zu wollen.

Was nun diese Richtung ins Innere betrifft, so fasst der Herr Gouverneur zunächst nur die Tracierung einer kurzen Strecke, nämlich bis Mafisi, ins Auge, welche allerdings der Entscheidung nicht präjudizieren würde, ob die Bahn später in der Richtung nach dem Nyassa oder nach Tabora weitergeführt werden soll. Inzwischen möchte ich aber der Meinung Ausdruck geben, dass durchaus kein Grund vorliegt, die Entscheidung über die Weiterführung der Bahn von Mafisi aus auf Jahre hinauszuschieben, da alle hierfür in Betracht kommenden Verhältnisse, an denen sich garnichts ändern kann, klar und offen zu Tage liegen. Ich halte es deshalb für geboten, schon jetzt den Ansichten entgegenzutreten, welche einer Linie nach dem Nordende des Nyassa vor einer Central-Eisenbahn in der Richtung nach Tabora den Vorzug, oder wenigstens die Priorität zuerkannt wissen wollen. Die wirtschaftliche und gewissermassen auch strategische Wichtigkeit einer Bahn nach dem Nyassa kann bis zu einem gewissen Grade anerkannt werden. Allein wie die Sachen im Reiche stehen, wird es der grössten Anstrengung bedürfen, um für den Bau nur einer Bahn die nötigen Garantien zu beschaffen. Die Eisenbahn nach dem Nyassa würde also für absehbare Zeiten jede Aussicht auf den Bau einer Central-Eisenbahn vernichten. In diesem Sinne zunächst bekämpfe ich dieselbe und trete für die bedeutend grössere wirtschaftliche und kulturelle Wichtigkeit einer Centralbahn ein, die Dar-es-Salâm und Bagamoyo, der alten Karawanenstrasse folgend, in der Richtung auf Tabora mit dem Tanganyka und Viktoria-Nyanza verbinden soll.

Der Bericht des Kaiserlichen Gouverneurs legt meiner Ansicht nach einen viel zu grossen, ja fast entscheidenden Wert auf die Erschliessung kulturfähigen Landes, insbesondere zur Besiedelung durch Deutsche geeigneter Bodenflächen, wie er sie in der Richtung nach dem Nordende des Nyassa-Sees gefunden zu haben glaubt. Prinzipiell ist dieser Gesichtspunkt gewiss anzuerkennen, wenn auch, meiner Ansicht nach, das tropische Klima sich nicht zum Ziel einer deutschen Auswanderung eignet, sondern nur deutschem Kapital und deutschen Aufsichtskräften Gelegenheit zu fruchtbringender Thätigkeit bieten soll. Allein da die Linie bis Mafisi für beide Projekte ausser Frage steht, so wird hierdurch das für den Süden unseres Schutzgebietes wichtigste Plantagenland Ukami auf alle Fälle aufgeschlossen. Da nun überdies lm Norden bereits eine Bahn von Tanga nach Korogwe im Bau begriffen ist, welche lediglich Plantagen- und Ansiedelungszwecken dienen soll, so wird uns in Usambara und Ukami ein für die Tropenkultur höchst geeignetes Gebiet eröffnet, und zwar in einem Umfange, der auf absehbare Zeiten hinaus das Bedürfnis für Ansiedelungen und die Gelegenheit zur Verwendung von Kapitalien für Plantagen- und überhaupt Agrikulturzwecke vollauf befriedigt. Die Weiterführung vom Mafisi nach dem Nyassa, selbst wenn sich diese entlegene Hochebene als sehr fruchtbar erweisen sollte, tritt also auch vom Agrikulturstandpunkt aus zur Zeit weit zurück, und die Interessen des Handels und Verkehrs, der Zivilisation und der Finanzen treten bei der Wahl der Eisenbahnlinie gebieterisch in den Vordergrund.

Diesen Interessen kann nur die geplante Central-Eisenbahn von der Küste in der Richtung nach Tabora zum Tanganyka und Viktoria-Nyanza dienen. Hier entscheidet schon das geographische Moment. Wir müssen die Mitte unseres Schutzgebietes aufschliessen, einen Verkehrsweg also schaffen, der nach beiden Seiten und bis tief in das Innere seine Anziehungskraft für den Güter- und Personenverkehr ausüben kann, und Aus- wie Einfuhr unseren deutschen Häfen an der Ostküste zuführt. Dass nur die Central-Eisenbahn diese Aufgabe erfüllen kann, aber auch bestimmt erfüllen wird, erweist schon die Existenz der bisherigen Hauptkarawanenstrasse. Der Weg, welchen der hauptsächliche Handel und Verkehr unseres grossen deutschen Schutzgebietes trotz der enormen Trägerlöhne thatsächlich nehmen, um aus dem tiefen Innern nach der Küste zu gelangen, besitzt thatsächlich eine alle Hindernisse überwältigende Anziehungskraft. Durch die Eisenbahn muss diese aber noch unendlich gesteigert werden; denn diese macht erfahrungsmässig alle Boden- und Arbeitserzeugnisse transportfähig, welche die Kosten des teueren Karawanenverkehrs nicht zu tragen vermögen. Von der gedachten Centralbahn darf im weitesten Sinne behauptet werden, dass sie uns das ganze Innere unseres Schutzgebietes innerhalb der drei grossen Seen wirtschaftlich so vollständig aufschliesst, wie dies geographisch erreichbar ist.

Gleiche Wichtigkeit hat die Centralbahn vom zivilisatorischen, politischen und finanziellen Standpunkte aus. Sie greift die vom Reichskanzler im Reichstag so drastisch geschilderte Landplage der Karawanen an der Wurzel an. Nur sie bietet eine Handhabe, den Sklavenhandel vollständig auszurotten, nur sie giebt dem Missionswesen eine gesicherte Grundlage, um Christentum und Zivilisation in die weiteren Kreise der Bevölkerung zu tragen. Sie allein gewährt dem militärischen Schutz unseres Gebietes, wie der Zivilverwaltung feste Stützpunkte im Innern. Nur sie endlich sichert uns die Erhaltung und fernere Steigerung unserer Einnahmen aus den Ein- und Ausfuhrzöllen und bietet die einzige Möglichkeit, eine finanzielle Selbstständigkeit unserer Ost-Afrikanischen Besitzungen zu erreichen.

Für Förderung aller dieser grossen Zwecke ist eine Bahn nach dem Nyassa von viel geringerer Bedeutung. Ihre Anziehungskraft für Handel und Verkehr würde sich nur auf den südöstlichen Teil unseres Schutzgebietes erstrecken, der arm, dünn bevölkert und von den bösartigsten Stämmen unseres Schutzgebietes, den Mafitis, Wahehes, Makungwaras u. s. w. bewohnt ist. Zudem bietet das 6—9000 Fuss hohe Livingstone-Gebirge eine fast unübersteigliche Mauer für eine Nyassabahn; sie würde sicherlich mehr kosten als die doppelt so lange Strecke von unserer Küste zum Tanganyka. Wenn einmal eine Nyassabahn ernstlich in Frage kommt, wird es überhaupt noch sehr zu überlegen sein, ob die Verbindung nicht von Mikindani durch das Rovumathal nach dem mittleren Teil des Nyassa zu führen ist, statt von Dar-es-Salâm nach der Nordspitze.

Es ist ferner noch hervorzuheben, dass sowohl zur Anwerbung von Arbeitern für den Bahnbau, als für eine friedlichere und daher billigere Durchführung, sich die Centralbahn weit mehr als die Nyassabahn eignet. Denn während erstere, sich an eine uralte Karawanenstrasse anschliessend, durch kultivierte, Suaheli sprechende Stämme führt, die schon als Träger einen Verdienst durch Arbeit kennen gelernt haben, durchzieht die Nyassabahn meist wilde, räuberische, misstrauische, den Zulus verwandte Völker, die viel mächtiger und kriegerischer als die an der Centralbahn wohnenden sind und nicht nur nicht zur Mitarbeit herangezogen werden könnten, sondern sicherlich dieselbe stören und späterhin sogar einen die Erhaltung und den Betrieb der Bahn sichernden kostspieligen Schutz erfordern würden. Die an der Centralbahn wohnenden Stämme und handeltreibenden Häuptlinge würden unbedingt weit früher und weit mehr der Bahn Verdienst geben als die wilden Stämme des Südens.

Eine Nyassabahn würde also weit kostspieliger und schwieriger sein und gerade den für den Export und Import wichtigsten und zukunftreichsten mittleren und nordwestlichen Teil unseres Gebietes ganz unberührt lassen. Diesen aber aufzuschliessen, und zwar mit thunlichster Beschleunigung, wird auch durch ein neu hinzugetretenes Moment geboten, nämlich die Übernahme Ugandas als englische Kronkolonie. Dass England, nachdem es diesen Schritt gethan hat und neuerdings sogar gegen Wadelai vorgedrungen ist, sobald als irgend möglich mit dem Bau einer Eisenbahn von Uganda nach der Ostküste (Mombassa) vorgehen wird, leidet nicht den mindesten Zweifel*). Stellen wir diesem Unternehmen nicht die Centralbahn gegenüber, so wird der ganze Verkehr des Nordens und Nordwestens unseres Schutzgebietes, des ertragsfähigsten, durch jene englische Eisenbahn abgezogen werden. Und damit würden sich auch die Einnahmen aus den Import- und Exportzöllen ganz enorm verringern; denn es wäre ein ganz vergebliches Bemühen, auf dem Viktoria-Nyanza, wie auf dem Tanganyka, dem Nyassa und den zwischenliegenden Landgrenzen eine den Schmuggel hindernde Zollbewachung herzustellen.

Geradezu verhängnisvoll könnte aber, beim Mangel einer Centralbahn, die in der Denkschrift des Herrn Gouverneurs für später in Aussicht genommene Fortführung der Nyassabahn nach der Südspitze des Tanganyka werden**). Es wäre dies nur auf unsere Kosten die Durchführung des englischen Projektes, den ganzen Verkehr des südlichen Sudan, des reichen Gebietes zwischen dem Viktoria- und Albert- und Albert-Edward-Nyanza, des östlichen Kongogebietes und des Tanganyka, über den Nyassasee dem Shire und Zambesi zuzuführen. Wir können es ja nicht hindern, dass der Verkehr am Nyassasee letzteren Weg nimmt; auch eine direkte Eisenbahn vom Nyassa nach Dar-es-Salâm würde diesen Verkehr nicht nach unserer deutschen Ostküste ablenken können. Aber sicherlich brauchen wir doch nicht die Hand zu bieten, jene unsere Interessen nicht fördernde Verkehrsrichtung noch zu erweitern. Die Centralbahn dagegen übt ihre Anziehungskraft nicht blos auf das ganze Innere des Schutzgebietes, sondern durch Vermittelung des Viktoria-Nyanza und Tanganyka bis in die eng-

---

*) Sie ist, Frühjahr 1899, bereits zu $1/3$ vollendet. W. O.

**) Diese Bedenken werden allerdings gemildert, fallen unter Umständen ganz weg, wenn erst eine Centralbahn von Dar-es-Salâm aus den Tanganyka erreicht hat. W. O.

lische Interessensphäre (Uganda) und selbst (da die Stanley-Fälle den Abzug den Kongo abwärts sehr erschweren) bis in den östlichen Teil des Kongostaates hinein, und stempelt die deutschen Häfen der Ostküste zu den alleinigen Ein- und Ausgangsthoren für den Waren- und Personenverkehr dieses ungeheuren Gebietes.

Aus allen diesen seit Bestehen der Deutsch-Ost-Afrikanischen Gesellschaft oft und wohl erwogenen Gründen und in Erwägung, dass an eine gleichzeitige Ausführung einer Central- und einer Nyassabahn gar nicht zu denken ist, rate ich aufs dringendste, das Nyassaprojekt vollständig zurückzustellen und mit aller Energie und Beschleunigung an die Tracierung und den demnächstigen Ausbau einer Centralbahn heranzutreten, welche von Dar-es-Salâm und Bagamoyo aus die geographische Mitte unseres Schutzgebietes erschliesst und ihre Fortsetzung über Tabora*) nach dem Viktoria-Nyanza und Tanganyka findet. Nach den vorläufigen, von der Deutsch-Ost-Afrikanischen Gesellschaft angestellten Ermittelungen wird die Linie nur in dem Übergang über die Gebirgspartie vom Kinganithal bis Mpuapua technischen Schwierigkeiten begegnen, während mindestens vier Fünftel der einschliesslich der Zweigbahn von Tabora nach Ukumbi am Viktoria-Nyanza ca. 1200 Kilometer langen Strecke vollständig eben sind und gar keine technischen Hindernisse bieten.

Was nun die finanzielle Seite des Eisenbahnprojektes betrifft, so steht diese gegenwärtig noch nicht in Frage. Doch sei die kurze Bemerkung gestattet, dass der Gedanke einer Ausführung auf Reichskosten von vornherein auszuschliessen sei, andererseits sich aber auch keine Privatgesellschaft finden wird, welche ausser einer Verleihung von Land, wie sie z. B. der Usambara-Eisenbahn gewährt worden ist, auch noch eine bestimmte Minimalverzinsung oder Minimaleinnahme in Anspruch nehmen muss. Eine solche kann aber um so leichter gewährt werden, als durch die Eisenbahn die Einnahmen an Ein- und Ausgangszöllen jedenfalls in weit stärkerem Masse steigen und die Kosten der Verwaltung und des Landesschutzes sich vermindern müssen, als jene Sustentation einer Eisenbahngesellschaft erfordern dürfte. Das Wünschenswerteste ist, sobald als irgend möglich an die Bildung einer solchen Eisenbahngesellschaft heranzutreten, welche alsdann die regierungsseitlich begonnenen Tracierungen fortsetzen und zugleich ohne weiteres mit dem Bau vorangehen würde.

Zum Schluss bemerke ich, dass vorstehende Erörterungen und Vorschläge der reiflichsten Prüfung durch die massgebendsten Sachverständigen unterlagen und deren volle Zustimmung gefunden haben. Ich nenne in dieser Beziehung in erster Linie den Reichskommissar Major Dr. von Wissmann und Dr. Bumiller, beziehe mich auch auf das Protokoll vom

---

*) Ob die Fortsetzung unbedingt nur über Tabora zu führen sei, darüber verweise ich auf das Schlusswort. W. O.

5. März 1891, welches, auf Veranlassung der Deutsch-Ost-Afrikanischen Gesellschaft unter dem Vorsitz des Unterzeichneten, über eine diesen Gegenstand behandelnde Sitzung mit den Herren Dr. Baumann, Freiherrn von Gravenreuth, Hauptmann Krenzler, Graf Joachim Pfeil, Gustav Strandes, Konsul Vohsen, Hauptmann Weiss und Dr. Karl Peters aufgenommen worden ist, und woraus die Übereinstimmung der grossen Mehrheit mit vorstehenden Ausführungen hervorgeht.

Dessau, den 12. Oktober 1894.

Dr. Oechelhaeuser.

Anlage D.

Denkschrift betreffend die Centralbahn-Frage.

Ich stehe gleich Dr. Peters, Vizegouverneur von Trotha u. A. auf dem Standpunkte, dass eine prinzipielle Lösung der Frage nach der Richtung der Hauptverbindungsbahn zwischen der Küste und den Seen noch durchaus verfrüht ist und dass man für jetzt sich darauf beschränken sollte, in sich notwendige Teilstrecken zu bauen, vorzugsweise solche, die sich in das zukünftige System voraussichtlich leicht einfügen lassen. Als solche Teilstrecken betrachte ich vor allen Tanga—Korogwe—Dar-es-Salâm—Ukami.

Von anderer Seite ist nun gegenwärtig die theoretische Frage, welches die beste Richtung für eine grosse Erschliessungsbahn sei, in den Vordergrund gerückt.

Die Initiative der Reichsregierung ist hinzugetreten und dem niedergesetzten Comite ist die Aufgabe gestellt worden, die Richtung der „Centralbahn“ zu ermitteln.

Der Ausdruck „Centralbahn“ soll selbstredend die Thätigkeit der Kommission nicht einschränken auf das Studium einer Linie, welche möglichst mathematisch genau die Mitte des Gebietes hält.

Aus dem Wortlaut des § 7 des Vertrages, auf dem unser Comite basiert, geht hervor, dass z. B. auch an die Möglichkeit gedacht ist, dass sich die im Bau befindliche Linie Tanga—Korogwe als die „Centralbahn“ herausstellt, und dass demnach nur ganz allgemein eine grosse Erschliessungslinie mit den Seen als Endpunkt gemeint ist.

Die beste, das heisst die konkurrenzfähigste Linie von der Meeresküste zu der zweiten Küste Deutsch-Ost-Afrikas, der der grossen Binnenlandsseen, zu finden und dem Reichskanzler vorzuschlagen, das ist die Aufgabe des Comites.

In unser Schutzgebiet fallen drei dieser Seen, und zwar der Nyanza und der Tanganyka ziemlich zur Hälfte, der Nyassa etwa zu einem Viertel.

Der letztgenannte See wird von keinem der vorliegenden Projekte mit einbezogen (das Oechelhaeuser'sche Centralbahnprojekt nähert sich ihm nur 440 Kilometer in der Luftlinie, während es sich dem Nyanza auf 220 Kilometer nähert), wohl deshalb, weil man der Ansicht ist, dass dieser See einen vorteilhafteren kommerziellen Auslass durch den Shire und den Zambesi besitzt.

Die Umwege würden auch zu gross werden, wollte man die Verbindung des Sees etwa an das Oechelhaeuser'sche Centralbahnprojekt anschliessen. Dies letztere bedingt 880 Kilometer Luftlinien-Entfernung, während der See von Kiloa Kivindje in der Luftlinie nur 530 Kilometer entfernt liegt.

Es handelt sich also nur um Tanganyka und Nyanza.

Hierfür liegen zwei Projekte vor:

1. Das Oechelhaeuser'sche Dar-es-Salâm—Bagamoyo—Tabora nebst Tabora—Udjiji und Tabora—Nyanza.
2. Das Projekt der Deutsch-Ost-Afrikanischen Gesellschaft und der Eisenbahn-Gesellschaft für Deutsch-Ost-Afrika, beruhend auf den Vorstudien des Dr. Baumann, einer Bahn Tanga—Korogwe—Speke-Golf (Nyanza), von da Dampfer zum Nyanza-Westufer, dann Bahn bis zum Tanganyka.

Ein Anfangsstück dieses Gesamtplans, das aber ohne Rücksicht auf letzteren und nur wegen der an sich dafür sprechenden Gründe beschlossen wurde, ist teils dem Betrieb übergeben, teils im Bau.

Die Strecke Korogwe—Speke-Golf ist von Dr. Baumann rekognosziert. Sie ergiebt eine wahrscheinliche Schienenlänge von 850 Kilometer, dennoch 200 Kilometer weniger als die von den Engländern projektierte Linie Mombas—Berkeley-Bay. Da die Luftlinie Tanga—Speke-Golf 620 Kilometer ausmacht, so findet ein Zuschlag auf dieser Strecke von etwa 37 % statt. Ich werde den nachfolgenden Rechnungen durchweg diesen gleichen Zuschlag zu Grunde legen. Ich bin auf den Einwand gefasst, dass auf der Linie über Tabora die Geländeverhältnisse viel günstiger lägen. Dieser Einwand ist vorläufig durch nichts bewiesen und auch bis eine genaue Rekognoszierung stattgefunden hat, garnicht beweisbar. Ich meinerseits halte die Schwierigkeiten auf der Centrallinie, nach dem, was die v. Hacke'schen Vorarbeiten am Luengere ergeben haben, sogar für die grössern und weise darauf hin, dass auf der Centrallinie drei grosse Flüsse, der Kingani*), der Wami und der Mlagarassi zu überbrücken sind, auf der Nordlinie nur der Pangani.

Es ergiebt sich nun folgendes Verhältnis:

		Kilometer		Kilometer
Tanga—Nyanza	Luftlinie	665,	wahrscheinl. Streckenlänge	850
Nyanza-Tanganyka	-	270	- -	370
				1220
Dar-es-Salâm—Tabora	-	715	- -	980
Tabora—Nyanza	-	220	- -	300
Tabora—Udjiji	-	310	- -	425
				1705

Zur Nordstrecke kommt hinzu ca. 250 Kilometer Seefahrt.

Die englische Royal survey commission, welche vor 2 Jahren im Auftrage der britischen Regierung die generellen Vorarbeiten für Mombas—Nyanza ausführte, hat in ihrem Bericht an das Parlament sehr sorg-

*) Die Überschreitung des Kingani ist wegen seines grossen Überschwemmungsgebietes besonders schwierig.

fältige Berechnungen der Frachtraten geliefert, die ich, weil es die einzigen positiven Angaben sind, welche existieren, hier zu Grunde lege. Danach stellt sich der Tonnenkilometer in der Eisenbahn auf 2½ Pfg., im Dampfer auf 0,01 Pfg.

Umladen rechne ich wohl sehr reichlich auf 3 Mark die Tonne (in Hamburg die Hälfte), wobei natürlich moderne Lade-Einrichtungen mittels Dampfkrahn Voraussetzung sind.

So ergiebt sich:

Tanga—Speke-Golf, 850 Kilometer zu 2½ Pfg.	21,25	Mark,
Umladen in den Dampfer	3,—	-
Dampfer, 250 Kilometer zu 0,01 Pfg.	0,25	-
Umladen in die Bahn	3,—	-
Westufer bis Tanganyka, 370 Kilometer zu 2½ Pfg. . .	9,25	-
	36,75	Mark.
Dar-es-Salâm—Tanganyka, 1405 Kilometer zu 2½ Pfg. .	35,12	-
Dar-es-Salâm—Nyanza, 1280 Kilometer zu 2½ Pfg. . .	32,—	-

Demnach stellen sich die Frachtsätze für gewöhnliche Güter nach dem Nordprojekt um 10,75 Mark per Tonne billiger für den Nyanza und um 1,65 Mark teurer für den Tanganyka.

Handelt es sich um Frachten wie Elfenbein, die selbstredend einen höheren Frachtsatz als 2½ Pfg. bezahlen müssen, so wird das Verhältnis natürlich noch durchschlagender dem Nordprojekt günstig. Dann wird sich auch die Tanganyka-Fracht über die Nordroute billiger stellen, besonders erheblich in den Fällen, wo das Elfenbein im Gebiete zwischen Tanganyka und Nyanza gewonnen ist.

Dieser Sachverhalt trifft bekanntlich für einen beträchtlichen Teil der gegenwärtig vom Tanganyka herunterkommenden Elfenbeinfracht zu.

Ich selbst halte im Allgemeinen die Anschliessung des grössten Binnensees, des Nyanza, für wichtiger, als die des Tanganyka, und zwar abgesehen von der sich dort vollziehenden kulturellen Entwickelung Ugandas (eines christlichen Negerreiches, dessen Bevölkerung schon gegenwärtig fast durchweg lesen und schreiben kann) deshalb, weil der Nyanza ein viel weiteres Gebiet besitzt, welches ihm unbedingt verkehrspolitisch tributpflichtig bleiben muss.

Wenn man aber auch diese Ansicht nicht teilt, so ist doch der Frachtvorsprung der Nordroute in der Erreichung des Nyanza so bedeutend und im Vergleich dazu ihr Nachteil in der Erreichung des Tanganyka so unerheblich und für alle wertvolleren Produkte, sowie auch den ganzen Personenverkehr ins Gegenteil umschlagend, dass meines Erachtens die Wahl kaum zweifelhaft sein kann. Es fragt sich dann noch, ob nicht die Centrallinie so erhebliche Vorteile für ihre einzelnen Teilstrecken bietet, dass dies durchschlagen müsste.

Auch dies bestreite ich.

Zwar weist die Nordroute von Kilimandjaro bis über den Eiassi-See hinaus ein nahezu unbewohntes Gebiet auf. Aber dieses Gebiet entbehrt durchaus nicht der Entwickelungsfähigkeit, im Gegenteil spricht ihm Dr. Baumann, weil er es, seiner Höhenlage wegen, für besiedlungsfähig durch Europäer hält, einen hohen Zukunftswert zu. Auch bis zum Kilimandjaro wird die Bahn von besiedlungsfähigen Gebirgen begleitet.

Die Centralroute hat aber in der Marengoa Mkale, in Ugogo und in der Mgunda Mkale ein mindestens ebenso ausgedehntes ganz unproduktives Gebiet, welches zum Teil noch obendrein zur Regenzeit unter Wasser steht und deshalb dem Eisenbahnbau keine geringen Schwierigkeiten entgegenstellen wird.

Die Nordroute würde schliesslich eine sehr erhebliche Ersparnis an Baukosten ermöglichen.

Nach den Erfahrungen beim Bau der Usambara-Bahn stellt sich der Kilometer auf 38000 Mark durchschnittlich, einschliesslich des Fuhrparks. Da nach unseren Rechnungen die Nordroute 485 Kilometer weniger erforderte, so spart man an Baukapital rund 18400000 Mark, davon sind abzurechnen rund 1400000 Mark für zwei Frachtdampfer zu je 150 Tonnen, Hafenanlagen und Dampfkrähne auf der Nordroute, sodass rund 17000000 Mark Ersparnis bleiben. Dazu kommt die vertragsmässig vom Reiche übernommene Verpflichtung, der Usambara-Bahn gleichfalls eine Zinsgarantie zu gewähren, auch wenn sie nicht der Anfang der Centralbahn wird. Bis Korogwe handelt es sich da um ein Kapital von 4000000 Mark.

Das Reich bezw. der Haushalt der Kolonie wird demnach bei Wahl der Centrallinie mehr belastet mit 21000000 Mark.

Bei der Auswahl einer Linie, auf welche die ganze wirtschaftliche Erschliessung des östlichen Kontinents sich stützen soll, ist besondere Aufmerksamkeit der Eignung der Ausgangshäfen zuzuwenden.

Der Hafen von Dar-es-Salâm ist für lange Schiffsgefässe, wie sie jetzt mehr und mehr in die grossen Passagierlinien eingestellt werden, sehr schlecht zugänglich, und die Deutsch-Ost-Afrikanische-Linie hat, nach zuverlässigen Informationen, durch den Wettbewerb der englischen Kaplinien gezwungen, einen Dampfer in Bau gegeben, dessen Ausmessungen eine Einfahrt in den Hafen von Dar-es-Salâm nicht mehr zulassen. Demgegenüber kann der Hafen von Tanga anstandslos von den grössten Dampfern angelaufen werden.

Endlich fällt noch ins Gewicht der Umstand, dass England sich gerade jetzt entschlossen hat, die Bahnverbindung Mombas—Viktoria-See auszubauen. Es wird von durchschlagender Bedeutung für die wirtschaftliche Beherrschung der Seengebiete werden, welche der beiden Mächte zuerst mit der Schiene und der Lokomotive an einem der Seen erscheint.

Wir haben durch die Usambara-Bahn einen praktischen Vorsprung vor England von fast 3 Jahren.

Sollen wir diesen Vorsprung freiwillig fahren lassen, indem wir auf den Weiterbau der Usambara-Bahn verzichten und an anderer Stelle von vorne anfangen?

Das würde sich doch nur empfehlen, wenn die Vorteile dieser anderen Linie klar ins Auge springende wären.

Ausserdem wird ja durch den Weiterbau der Usambara-Bahn zunächst bis Korogwe gar nichts präjudiziert. Man kann von da aus, wenn sich die billigere Erreichung des Tanganyka später dennoch als beherrschender Gesichtspunkt herausstellen sollte, noch immer über Tabora zum Tanganyka bauen, und zwar zweifellos etwa 50 Kilometer kürzer als von Dar-es-Salâm aus.

Eine solche Linie, die ich übrigens selbst hier nicht befürworten will, weil ich der Nordroute den Vorzug gebe, ist jedenfalls dem Einwurf nicht ausgesetzt, dass es unbedingt eine, möglichst die Mittellinie haltende Bahn sein müsse, um auf beiden Seiten genügend tributpflichtiges Gebiet zu finden. Denn diese Linie ist fast ebenso „central" als die andere.

Ich bitte die Kommission dringend, sich darauf zu beschränken, das zu thun, was die Bedürfnisse der Gegenwart gebieten, d. i. erstens Fortsetzung der Usambara-Bahn bis Korogwe behufs Festhaltung unseres Vorsprungs vor England auf alle Fälle, zweitens Einleitung des Bahnbaues von Dar-es-Salâm nach Ukami.

Die zahlenmässigen Unterlagen, die ich im Vorstehenden biete, sind — das weiss ich selbst — völlig unzureichend, um einen positiven Entschluss, betreffend die endgültige Richtung einer grossen Erschliessungsbahn, zu fassen, aber wohl genügend, um von einem meines Erachtens höchst übereilten und ungereiften Entschlusse abzuhalten.

Berlin, den 4. Juli 1895.

Karl v. d. Heydt.

Anlage E.

Zur Deutsch-Ost-Afrikanischen Centralbahn-Frage.

Die am 4. Juli d. J. von Herrn Karl von der Heydt den Mitgliedern des Comites überreichte Denkschrift über die Centralbahnfrage veranlasst mich, in derselben Angelegenheit das Wort zu ergreifen.

In der Comitesitzung vom 22. Juni ist lediglich aus Rücksicht auf den Widerspruch der drei Vertreter der Deutsch-Ost-Afrikanischen Gesellschaft die formelle Entscheidung, ob die Centralbahn eine Fortsetzung der Usambarabahn (Tanga-Korogwe) bilden, oder von Dar-es-Salâm ausgehen solle, ausgesetzt worden, obgleich ich, in Übereinstimmung mit dem Gouverneur, Herrn von Wissmann, und der Mehrheit der Comitemitglieder, diese Frage, zu deren Begründung von keiner Seite mehr etwas Neues beigebracht werden kann, schon damals für vollkommen spruchreif erachtete. Der Beschluss, schleunigst mit den „Rekognoszierungsarbeiten von Dar-es-Salâm nach Ukami und weiter ins Innere“ vorzugehen, gestattet auch wohl schon einen Schluss darauf zu ziehen, wie s. Z. die endgiltige Entscheidung des Comites ausfallen wird. Ich erlaubte mir zugleich in jener Sitzung die Mitglieder ausdrücklich zu bitten, ihre Ansichten über diese Streitfrage in Denkschriften niederzulegen und schon vor der nächsten Sitzung zur Kenntnis der Comitemitglieder zu bringen.

In dieser Beziehung ist das Vorgehen des Herrn von der Heydt nur dankbar anzuerkennen, und folge ich gern seinem Beispiel. Ehe ich jedoch in sachliche Erörterungen eintrete, muss ich die von Herrn von der Heydt über die subjektive Vertretung beider Linien aufgestellten Behauptungen beleuchten.

Herr von der Heydt erzeigt mir die Ehre, das von Dar-es-Salâm ausgehende Centralbahnprojekt mit meinem Namen zu bezeichnen. Ich kann dies ja nicht förmlich ablehnen, darf jedoch versichern, dass ich dieses Projekt erst aufgenommen und verfochten habe, nachdem sich in der von der Deutsch-Ost-Afrikanischen Gesellschaft am 5. März 1891 ad hoc einberufenen Versammlung der renommiertesten Afrikakenner, die weit überwiegende Mehrzahl (ich nenne nur Dr. Carl Peters, v. Gravenreuth, Hoffmann, Graf Pfeil, Strandes) sich für dieses von Dar-es-Salâm ausgehende Centralbahnprojekt zur Verbindung der Küste mit den beiden grossen Seen entschieden ausgesprochen hatte. Dieselbe Ansicht theilen Herr von Wissmann, Dr. Bumiller, kurz fast Alle, mit denen ich seither diese Frage besprach, und welche auf diesem Gebiet Sachkenntnis und Autorität in Anspruch nehmen können, oder für die gesetzgeberische und finanzielle Durchführung des Unternehmens massgebend sind. Hinter diesem Centralbahnprojekt steht also weit mehr als mein Name.

Wenn aber nun Herr von der Heydt sein Gegenprojekt (Tanga-Korogwe, Speke-Golf, von da per Dampfer zum Nyanza-Westufer, dann Bahn bis zum Tanganyka) als das Projekt der Deutsch-Ost-Afrikanischen Gesellschaft und der Usambara-Eisenbahn-Gesellschaft bezeichnet, auch ferner behauptet, dass die Linie Tanga-Korogwe als ein „Anfangsstück dieses Gesamtplanes" ausgeführt werde, so muss ich gegen diese Behauptungen ihrem ganzen Inhalt nach entschieden protestieren. Wie ich überhaupt als bisheriges Mitglied der ständigen Ausschüsse und Verwaltungsräte beider Gesellschaften weiss und zum Überfluss durch schriftliche Anfrage bei den Vorständen aktenmässig konstatiert habe, findet sich in den Protokollen dieser vier Kollegien nicht einmal ein in jenen Richtungen gehender Antrag, geschweige denn eine Beschlussfassung über ein solches Projekt. Ja, dasselbe ist nicht einmal extra protocollum diskutiert worden, sowie auch die von Herrn von der Heydt als dessen Grundlage bezeichneten, in dem hochinteressanten Werk des Dr. Baumann „Durch Massailand zur Nilquelle". Seite 254 ff., etwa 3 Jahre nach Konzessionierung der Tanga-Korogwe-Eisenbahn niedergelegten Erörterungen niemals auch nur zum Gegenstand irgend einer kollegialen Erörterung gemacht worden sind. Es wäre ja auch unbegreiflich, wie der Verwaltungsrat der Deutsch-Ost-Afrikanischen Gesellschaft einstimmig der Vereinbarung vom 11. März d. J. hätte beitreten können, wenn das von Herrn von der Heydt vertretene Gegenprojekt das seinige gewesen sei. Denn kein Mitglied des Verwaltungsrates konnte in Zweifel darüber sein, dass von dem niederzusetzenden Centralbahn-Comite mit der allergrössten Wahrscheinlichkeit Dar-es-Salâm, und nicht Tanga, als Ausgangspunkt gewählt werden würde. Was könnte auch wünschenswerter für die Deutsch-Ost-Afrikanische Gesellschaft sein, als der Sorge um den Ausbau der Usambaarbahn entledigt zu werden, ihr darin investiertes Kapital vor der Entwertung geschützt, und überdies die Gebiete (Ukami, Usagara, Nguru und Useguha), worauf der Kaiserliche Schutzbrief lautet und worin sie die wertvollsten Berechtigungen auf Okkupation von herrenlosen Grundstücken und Wäldern, Gewinnung von Mineralien u. s. w. besitzt, durch den Bau der Centralbahn aufgschlossen zu sehen!

In die sachliche Erörterung eintretend, so kann ich Herrn von dei Heydt in das Gebiet der detaillierten Fracht- und Kostenberechnungen nicht folgen; hierfür fehlt jede greifbare Grundlage. Ebenso müssig erscheinen mir zur Zeit approximative Veranschlagungen der Baukosten, sowie Gegenüberstellung der verschiedenen Bahnlängen bei beiden Projekten, wobei ich nur bemerken will, dass die Einschaltung einer Dampferlinie über den Viktoria-Nyanza prinzipiell den stärksten Einwänden begegnen dürfte. Den Ausschlag geben ganz andere Momente, welche aber bei Herrn von der Heydt ganz übergangen werden, oder doch nicht die entsprechende Würdigung finden. Es ist dies zunächst das geographische Moment; die Mitte des Schutzgebietes soll aufgeschlossen, keine Bahn am

Nordrand gebaut werden, die der englischen Konkurrenzbahn parallel laufen und in Tanga nur etwa 16 Meilen von Mombassa die See erreichen würde. Weitere Momente sind die Anbau- und Besiedelungsfähigkeit, die Dichtigkeit und die Lebensgewohnheiten der Bevölkerung, die richtige Lage zur Aufnahme des centralen Handelsverkehrs und dessen Ableitung nach den wichtigsten Küstenplätzen. Zanzibar, dessen Herr von der Heydt nicht einmal erwähnt, ist und bleibt das Centrum unseres dortigen internationalen Handels und beansprucht bei der Wahl des Ausgangspunktes der Centralbahn in erster Linie Beachtung; es giebt unbedingt für Dar-es.-Salâm und Bagamoyo den Ausschlag. Mit der Eisenbahn, als Trägerin der Handelsbewegung, gehen aber die finanziellen Interessen des Reichs und der Kolonialverwaltung Hand in Hand, da an den Erträgnissen der Zölle sowohl der Eisenbahnbau selbst, als die gesamte Entwickelung des Schutzgebietes wesentlich interessiert sind. Die Vernichtung des Sklavenhandels, die Förderung und Sicherung des Missionswesens und endlich, last but not least, die höchsten Interessen des Landesschutzes fordern gebieterisch eine Bahnrichtung, welche nach beiden Seiten hin ihre Anziehungskraft geltend machen und den centralen Stützpunkt für die politische, kulturelle und wirtschaftliche Entwickelung des grossen Schutzgebietes abgeben, gleichsam dessen Rückgrat bilden kann.

Alle die hier hervorgehobenen Momente müssen in ihrer Zusammenfassung den Ausschlag für die eine oder die andere Linie geben, und von ihnen hängt dann auch, wie der wirtschaftliche Nutzen, so die Rentabilität der künftigen Bahn ab. Nicht die Länge oder die Baukosten der Bahn sind an und für sich entscheidend, sondern nur ihr Verhältnis zu dem Nutzen und den Einnahmen, die sie bringen. Die von Herrn von der Heydt prognostizierte Mehrbelastung durch die Centralbahn im Vergleich zu seinem Projekt im Betrage von 21 Millionen kann hiernach umsoweniger ausschlaggebend sein, als sie auf ganz willkürlichen Annahmen beruht. Ein gleiches Schreckbild sind die drei Jahre Vorsprung vor den Engländern, welche Herr von der Heydt bei Benutzung der Usambara-Bahn herausrechnet. Nach der Vereinbarung vom 11. März d. J., — der einzigen haltbaren Grundlage — kann die Gewährung einer Zinsgarantie, wodurch der Usambara-Eisenbahn die Fortsetzung ihrer Arbeiten ermöglicht wird, erst nach Konzessionierung der Centralbahn (bezw. des ersten Bauabschnittes derselben) beansprucht werden, und würde es sich also für letztere nur darum handeln, einen Vorsprung der ersteren von den wenigen Meilen einzuholen, welche sie mit ihren bisherigen Mitteln erbaut hat.

Ein anderer Einwand des Herrn von der Heydt könnte etwas ernsterer Natur sein, wenn er begründet wäre. Hiernach soll der Hafen von Dar-es-Salâm für lange Schiffsgefässe sehr schlecht zugänglich sein und die Ausmessungen des neuen, für die Deutsch-Ost-Afrikanische Linie in Bau gegebenen Dampfers die Einfahrt in den Hafen überhaupt nicht mehr zulassen. Auf eine desfallsige Anfrage an den Vorsitzenden der gedachten Dampfschiff-Gesellschaft, Herrn Ad. Wörmann, erhalte ich dagegen unterm

13. Juli folgende Auskunft: „In der ersten Zeit machten unsere Kapitäne häufig Schwierigkeiten und behaupteten, so lange Dampfer könnten im Hafen von Dar-es-Salâm nicht wenden. Sie scheinen sich aber daran gewöhnt und gelernt zu haben, damit umzugehen; jetzt hören wir nichts mehr davon. Ich denke, es wird mit dem 400 Fuss langen Dampfer ebenso gehen, und glaube um so weniger, dass Schwierigkeiten sein werden, da der neue Dampfer Doppelschrauben erhalten wird, wodurch die Steuerfähigkeit des Schiffs ganz bedeutend erhöht wird.“ Also auch dieser Einwand des Herrn von der Heydt gegen Dar-es-Salâm als Ausgangspunkt der Centralbahn darf als beseitigt gelten.

Ich kann mir schliesslich nicht versagen, in der Streitfrage zwischen der von mir projektierten, von Dar-es-Salâm ausgehenden Centralbahn und der von der Heydt'schen Fortsetzung der Usambarabahn eine von mir sehr hochgehaltene Autorität zu zitieren, auf die sich auch Herr von der Heydt so oft mit Vorliebe bezieht. Dr. Carl Peters in seinem neuen, hochinteressanten Werk „Das Deutsch-Ost-Afrikanische Schutzgebiet“ bespricht S. 296 die ausserordentliche Wichtigkeit von Dar-es-Salâm, „dessen handelspolitische Bedeutung noch unberechenbar steigen würde, wenn dasselbe zum Ausgangspunkt einer modernen Verkehrsstrasse oder gar einer Eisenbahn ins Innere würde“. Er habe bereits 1886 an die Durchführung eines solchen Eisenbahnbaus, zunächst bis Farhani in Usagara, gedacht und die Vorarbeiten dazu im Jahre 1887 in Angriff nehmen lassen. Er fährt dann wörtlich fort:

> „Die Gesichtspunkte für einen solchen Bahnbau werden einleuchtend sein. Die nördliche Strecke von Tanga führt im Wesentlichen, sobald sie Bondei durchquert hat, in völlig unbewohnte Steppen, aus denen oasengleich nur sehr schmale besiedelungsfähige Bergländer emporragen. Die Strasse, welche sie ersetzen will, ist fast tot; dort ist überhaupt noch kein eigentlicher Verkehr. Das Unternehmen, so verdienstvoll es auch ist, wird demnach, wenn man es nicht als Lokalbahn zum Usambara-Gebiet, sondern als erste Etappe einer Seenbahn betrachtet, für absehbare Zeit sich noch kaum rentieren. Ganz anders bei einer Bahn ins centrale Gebiet. Durch dieselbe würde der breite Hochlandgürtel, welcher sich vom mittleren Ulanga über Uhehe, Usagara und Nguru bis an den mittleren Pangani zieht, erschlossen, und dadurch eine weite Zone besiedelungsfähiger Landschaften in den Weltverkehr gezogen sein. Während durch eine etwaige Tanga-Kilimandjaro-Bahn ein Gebiet eröffnet wäre, dessen Einwohnerzahl wir auf noch nicht einmal 200 000 Menschen geschätzt haben, würde die Dar-es-Salâm—Usagara-Bahn in Landschaften führen, welche wir auf 1 200 000 Menschen schätzen konnten, und, wenn die etwaige Fortsetzung zum Viktoriasee im Norden weitere 600 000 Menschen mit der Küste in Verbindung setzt, würde eine Fortführung über Usagara hinaus nach Unyamwesi weiteren 1 500 000 Menschen wirtschaftlich mehr oder weniger zu Nutze kommen. Der Unterschied liegt auf der Hand. Ihm ent-

sprechend rollt auf der von mir ins Auge gefassten Strecke heute schon ein Verkehr, welcher nach vielen Hunderttausenden von Trägern jährlich zählt und dem Reisenden, welcher gerade aus den nördlichen Steppen kommt, wie dies mir 1890 ging, wahrhaft imponiert, während im Norden zum Kilimandjaro sich alljährlich vielleicht 2 oder 3 Handelskarawanen hinbewegen. Im Norden wird die Eisenbahn demnach den Verkehr erst schaffen müssen, welchen sie in der Mitte zum grossen Teil bereits vorfinden würde, Und schliesslich wird ein Jeder, welcher die beiden in Frage kommenden Gebiete kennt, zugeben, dass es für die Rentabilität eines solchen Unternehmens ein kolossaler Unterschied ist, ob eine Bahn durch die Heimat der bildungsbedürftigen und äusserst reiselustigen Waseguha, Wasagara und Wanyamwesi führt, oder ob sie für ihren Verkehr auf Bergbewohner rechnet, welche sich seit Menschengedenken scheu in ihre Klüfte und Thäler verstecken und welche, wie die Leute vom Kilimandjaro, wenigstens heute, sich überhaupt scheuen, auch nur in die Steppen um ihren Berg herum hinabzusteigen, weil sie fürchten, daselbst das Fieber zu bekommen. Solche Stämme, die sich an ihre engste Heimat geradezu anklammern, die in der Fremde stets und überall an Heimweh leiden, werden niemals das flotte Reise-Publikum liefern, auf welches ein Eisenbahn-Unternehmen in Afrika doch in erster Linie für seinen Ertrag angewiesen ist. Oder meint man, dass die herabgekommenen Massais vielleicht das Kontingent für die vierte Klasse bilden werden? Ich fürchte, deren Interesse am Unternehmen wird sich für absehbare Zeiten auf die Telegraphendrähte und hin und wieder eine schöne Eisenbahnschiene beschränken. Erwägungen dieser Art, denen sich andere hinzufügen liessen (z. B. die Möglichkeit, alle drei Seen durch die Mittelbahn mit der Zeit zu berühren; dann der grössere Vorrat an Nahrungsmitteln an dieser alten Karawanenstrasse im Gegensatz zu dem völligen Mangel daran auf den öden Steppen des Nordens, sobald der Kilimandjaro passiert ist) sind es gewesen, welche mein Interesse immer mehr dem mittleren Bahnprojekt als dem nördlichen zugewendet haben. Ich gebe die Hoffnung auch nicht auf, dass dieser Bahnbau, welcher das eigentliche Herz unserer Kolonie erschliesst, anstatt an ihrer Nordgrenze entlang zu streifen, doch noch zur Ausführung gelangen wird. Dann erst wird Dar-es-Salâm im wirtschaftlichen Sinne die unbestrittene Hauptstadt von Deutsch-Ost-Afrika sein."

Ich habe diesen schlagenden und von höchster Sachkenntnis getragenen Ausführungen des Herrn Dr. Peters nichts hinzuzufügen und gestatte mir nur noch die Bemerkung, wie die Anträge an das Eisenbahn-Comite, wozu Herr von der Heydt schliesslich gelangt, ganz ausserhalb dessen Sphäre liegen. Nach der Vereinbarung vom 11. März d. J. ist es Sache der Usambara-Eisenbahn-Gesellschaft, nicht des Comites, die Vergünstigungen in Anspruch zu nehmen, welche die Reichsregierung der

Centralbahn zugestehen wird. Und ferner ist die erste Aufgabe des Comites: die Festlegung des Planes der Centralbahn — und nur für eine solche, nicht für eine Lokalbahn Dar-es-Salâm—Ukami ist die Unterstützung des Reiches in Aussicht gestellt — mit allen Kräften zu beschleunigen, während Herr von der Heydt hierin einen „höchst übereilten und ungereiften Entschluss“ erblicken würde. Es ist wahrhaftig an der Zeit, insbesondere nach Eintreten der englischen Konkurrenz, jetzt endlich mit Energie an die Lösung einer Aufgabe heranzutreten, welche schon vor 10 Jahren hätte in Angriff genommen werden sollen. Denn ohne Dampfschiff-Verbindungen und Eisenbahnen entbehrt eine zielbewusste Kolonialpolitik jeder Grundlage.

Niederwalluf, den 6. August 1895.

Dr. Oechelhaeuser.

Anlage F.

Gutachten betreffend Ausgang und Richtung der Erschliessungsbahn für Deutsch-Ost-Afrika.

Zum Zweck der Erschliessung von Deutsch-Ost-Afrika sind zwei Projekte in Vorschlag gebracht worden.

Das eine beabsichtigt eine Verlängerung der Usambara-Bahn über den Kilima-Ndjaro hinaus nach den Viktoria-Nyanza, das andere will auf der Küstenbasis Dar-es-Salâm—Bagamoyo über Tabora—Udjidji den Tanganyka-See und durch Tabora—Nyanza den Nyanza-See erschliessen.

Gegen das erstere — Nordbahnprojekt — und für das letztere — Centralbahnprojekt — sprechen folgende wichtige Momente:

1. Das geographische Moment: Die Mitte der Kolonie soll erschlossen werden, nicht der nördliche Rand derselben.

2. Das Rentabilitäts-Moment: Das Nordbahnprojekt führt vom Kilima-Ndjaro aus zunächst durch ein gewaltiges ödes Steppengebiet, in dem eine Ausbeute ausgeschlossen erscheint. Das Centralbahnprojekt passiert auf keiner Strecke, selbst bis Udjidji nicht, derartig öde Gegenden, sondern sie eröffnet die fruchtbaren Ukami-, Usagara-, Uhehe- und Nguru-Gebiete, sie nimmt den bereits im Centrum herrschenden Karawanenhandel auf und leitet denselben nach dem Centrum des hiesigen internationalen Welthandels, nach Sansibar, ab mittels des diesen Anforderungen völlig genügenden Hafens von Dar-es-Salâm.

Die Bahn des Nordprojekts würde nur einseitig wirken. Anschluss und Zugang hat dieselbe nur aus ihrer südlichen Zone zu erwarten, da die englische Konkurrenz-Bahn Mombassa-Uganda fast parallel läuft und nur 16 Meilen von Tanga entfernt die See erreicht.

Die centrale Bahn hingegen wirkt auf weite Strecken nach beiden Seiten. Der Anschluss der Nyassa-Länder durch Verbindung von Tanganyka- und Nyassa-See bietet eine bedeutungsvolle Perspektive für die Entwicklung dieser Bahn, die überhaupt das Rückgrat eines ost-afrikanischen Eisenbahnnetzes der Zukunft bilden wird.

Mein Standpunkt ist daher der, dass mit Fortführung der Usambara-Bahn bis Korogwe dasjenige Gebiet erschlossen wird, welches diese Bahn wirklich in Verdienst setzen würde.

Nächst der Ausbeutung von Usambara muss aber dem Bestreben der kolonialen Entwicklung die Ausbeutung von Ukami und Uluguru am Herzen liegen.

In diese fruchtbaren, wahrscheinlich mineralhaltigen Gebiete würde doch fraglos einmal eine Bahnverbindung geschaffen werden müssen. Daher liegt es auf der Hand, dass ausser der Usambara-Bahn auch die nach Ukami und Uluguru baldigst in Angriff genommen werden muss.

Im Hinblick endlich auf die Notwendigkeit der Vernichtung des Sklavenhandels, des Schutzes und der Förderung des Missionswesens und überhaupt der ganzen Eröffnung von Deutsch-Ost-Afrika, ist wohl kein Zweifel vorhanden, welche Bahn einen segensreicheren Einfluss ausüben würde, die Nordbahn oder die centrale, welche durch die Mitte des deutschen Besitzes hindurch geht und nach dem Norden und Süden der Kolonie gleichmässig ihre nutzbringenden Kräfte geltend macht.

Dar-es-Salâm, den 30. Oktober 1895.

Der kaiserliche Gouverneur:
Dr. von Wissmann.

Anlage G.

Erläuterungs-Bericht
die Deutsch-Ost-Afrikanische Centralbahn betreffend.

In Gemässheit des vom Comite für den Bau einer Deutsch-Ost-Afrikanischen Centralbahn übernommenen Auftrags hatte ich es als meine nächste Aufgabe zu betrachten, in Gemeinschaft mit dem schon seit Herbst 1894 dort mit Rekognoszierungsarbeiten und Vermessungen beschäftigten Herrn Premierlieutnant Schlobach, vom wirtschaftlichen und technischen Standpunkt aus die beste Linie für eine Eisenbahn von Dar-es-Salâm nach Ukami zu ermitteln und zu veranschlagen. Die Resultate dieser Untersuchungen werden sowohl in dem Generalbericht des Comites an den Reichskanzler, als in den demselben beigelegten Karten, Berichten und Anschlägen in ausführlichster Weise niedergelegt. Um Wiederholungen zu vermeiden, beschäftige ich mich also hier nicht weiter mit diesem ersten Bauabschnitt, in welchem auch speziell erörtert ist, weshalb Mrogoro als Endpunkt gewählt wurde, und zwar einmal, weil die bis dahin geführte Bahn das ganze fruchtbare Ukami vollständig aufschliesst, also ein in sich selbstständiges wirtschaftliches Unternehmen darstellt, zum andern, weil sich hier der zweckmässigste Anschlufs für die Weiterführung der Bahn findet.

Meine zweite Aufgabe war nun, diese Linie ins Innere zu verfolgen und den Plan für die ganze, die Meeresküste mit den beiden grossen Binnenseen verbindende Centralbahn festzulegen. Da die Ausführung des ersten Bauabschnittes bis Ukami bereits die Bildung eines finanziell und administrativ geschlossenen Verwaltungskörpers voraussetzt, welchem später nicht blos die Ausführung, sondern auch die Vorarbeiten der Tracierung und Veranschlagung der ferneren Abschnitte zufallen, so bedurfte es für die in meiner Aufgabe gelegenen Ermittelungen der passendsten Centralbahnlinie keiner so eingehenden Rekognoszierungen und Messungen, wie sie hinsichtlich des ersten Bauabschnittes vorgenommen worden sind. Ich konnte hierbei mich im Wesentlichen auf das vorhandene kartographische Material, sowie auf die Höhenmessungen und Mitteilungen stützen, welche von Emin Pascha, Dr. Franz Stuhlmann und Hauptmann Herrmann vorliegen und die mir im weitesten Umfang durch die Güte des letztgenannten Herrn, dem ich überhaupt grossen Dank schulde, zugängig gemacht worden sind. Auch die genaue Ortskenntnis des Herrn Gouverneurs von Wissmann, sowie die Erkundigungen, welche Lieutenant Schlobach während seines anderthalbjährigen Aufenthalts in Deutsch-Ost-Afrika und die ich selbst während meines Aufenthalts an der Küste einzog, lieferten genügendes Material für Beurteilung der zu wählenden Centralbahnlinie, bei der überdies der wesentliche Umstand in Betracht kommt, dass sie fast überall mit der von Hunderttausenden von Personen begangenen Hauptkarawanenstrasse zusammenfällt, also nach jeder Richtung hin Gelegenheit für die eingehendsten Untersuchungen und Ermittelungen, sowie vollkommene Sicherheit für Bau, Betrieb und Verkehr bietet.

Obgleich also genügendes Material schon vorhanden ist, um im Allgemeinen die Centralbahnlinie zu bestimmen, hat das Comite doch auch noch den zweiten, teilweise noch durch das Gebirge führenden Bauabschnitt bis Tabora näher untersuchen lassen und hiermit Herrn Rindermann beauftragt. Es erscheint indes keinesfalls erforderlich, das Eintreffen der Berichte des Herrn Rindermann, welches im Juli zu erwarten ist, abzuwarten, indem das vorhandene Material vollständig genügt, ein an sich vollständiges Urteil über die technische Durchführbarkeit und wirtschaftliche Bedeutung der Centralbahnlinie zu bilden.

Die hiernach ermittelte und ganz speziell vom Gouverneur von Wissmann (lt. Protokoll d. d. Dar-es-Salâm vom 15. November 1895) gutgeheissene Linie, nebst Profil der Höhenlage, findet sich auf der beiliegenden Übersichtskarte eingezeichnet, während die genaue Kartierung des ersten Bauabschnitts den bezüglichen Berichten und Anschlägen beiliegt.

An die spezielle Beschreibung der bis Mrogoro in Ukami vermessenen und veranschlagten Linie knüpfe ich nur in kurzen Zügen die Beschreibung der weiterzuführenden Centralbahn an. Hiernach hat die Bahn zunächst das Kihondogebirge und dann den Wami oder Mukondogwa zu überschreiten, der in der Regenzeit eine Breite von 500 bis 600 Meter erreichen soll. Nunmehr führt die Bahn durch das Kondoathal und folgt dann längere Strecken dem Laufe des oberen Wami, bis sie an das Mpwapwa-Plateau gelangt. Dieses erklimmt sie mit allmählicher und geringer Steigung und umgeht die Station Mpwapwa hart nördlich. Von hier aus fällt die Trace leicht ab und verfolgt den südlichen Rand der weniger fruchtbaren und ziemlich wasserarmen Massaisteppe. In der Ugoyolandschaft ist das Terrain stark hügelig und erreicht seine höchste vertikale Erhebung mit 1200 Meter im Zuge der Bahnlinie etwa 50 Kilometer vor der Überschreitung des 2 Kilometer breiten Überschwemmungsgebietes des Bubuflusses. Im Allgemeinen ist von nun ab das Gelände eben bis an den Malagarassi, nur einmal unterbrochen durch den 180 Meter hohen Anstieg der Kilimatinde-Terrasse, welchen mit einer Maximalsteigung von 1:20 bezw. 1:30 unter Wahrung der erforderlichen Ruhestrecken zu überwinden, einer speziellen Tracierung vorbehalten bleibt. In der nun folgenden Hochebene wird die Bahn in der trockenen Jahreszeit ab und zu mit Wassermangel zu kämpfen haben. Dieser Übelstand läfst sich durch Anlegung geeigneter Brunnen nicht allzuschwer beseitigen; auch findet sich in den tiefen Steinrissen einiger Wasserläufe fast das ganze Jahr über Wasser. Bei Tura geht die Bahn zweimal über den unbedeutenden Wala und führt dann durch eine weite Ebene in langen grossen Wellen bis Tabora.

Die Hauptlinie geht von da in fast westlicher Richtung durch das schwachwellige und stark bevölkerte Hügelland von Unyamyembe und Urambo. Das weiter von der Bahn zu durchquerende Gelände fällt allmählich nach dem Tanganykasee hin ab. Von Wasserläufen, die den Namen Fluss verdienen, ist nur noch der Malagarassi zu überwinden; der Übergang erfolgt zweckmässig einige Kilometer unterhalb der Einmündung des Gombe in denselben. Um nach Kawele (Udjidji), dem vorläufig in Aussicht genommenen Endpunkte, zu gelangen, muss die Bahn dem Laufe des Malagarassi folgen, wobei noch einige unbedeutende Nebenflüsse dieses überbrückt werden müssen. Sollten demnächst die Geländeaufnahmen ergeben, dass ein anderer in der Nähe gelegener Platz sich besser als Kawele zum Endpunkt der Bahnlinie, bezw. zum Haupthafen des Tanganyka eigne, so wird der letzte Teil der Tracierung umgearbeitet werden, da das Ineinandergreifen des Land- und Wasserverkehrs für das Gedeihen der Bahn sowohl, wie für die Entwickelung des Landes von hervorragender Bedeutung ist.

Die andere von Tabora ausgehende Linie nach dem Viktoria-Nyanza verläuft in nördlicher Richtung mit einem schwachen westlichen Bogen. Von der geraden Linie musste etwas abgewichen werden, weil östlich der jetzigen Trace das Land sehr ungünstigen Untergrund hat und sich während der Regenzeit in einen grossen Sumpf verwandelt. Durch die Anlehnung an den Höhenzug ist die Wassergefahr vermieden und der Vorteil erreicht, dass aus den Bergen billiges und gutes Material für den Bau gewonnen werden kann. Die kleineren Abweichungen der Trace von der allgemeinen Richtung sind durch den Zug des Gebirges bedingt; durch sie sollen kostspielige Arbeiten, wie Dämme und Einschnitte, überflüssig gemacht werden. Im Übrigen treten auf der etwa 280 Kilometer langen Strecke Schwierigkeiten nicht auf; bedeutende Wasserläufe sind nicht vorhanden und ebenso fehlen schroffe Bodenerhebungen oder tiefe Einschnitte. Die grösste Steigung findet sich zwischen Kilometer 1100 und 1200 mit 0,6 ‰, d. h. auf 1000 Meter Länge steigt das Gelände 6 Meter an; solche Erhebungen sind ohne Instrumente gar nicht wahrnehmbar.

Die bis Makolo reichende Ausbuchtung des Viktoria-Nyanza eignet sich an ihrer südlichsten Stelle infolge der sumpfigen Ufer nicht, den Übergang der Güter von dem See auf die Eisenbahn und umgekehrt zu vermitteln. Deshalb ist die Bahn noch eine kurze Strecke an der Bucht weiter projektiert bis Muleschi*). Hier kommt der bereits oben erwähnte Höhenzug bis dicht an das Wasser heran; die Ufer sind steiler und felsig, die Tiefenverhältnisse so günstig, dass auch grössere Schiffe bis dicht an das Ufer heranfahren können.

Hier und bei Kawele werden ebenso wie in Dar-es-Salâm zur Erleichterung des Verkehrs grössere Pieranlagen entstehen müssen.

*) Die richtige Bezeichnung ist Nyantelessa. W. O.

Über das zu wählende Bausystem enthalte ich mich hier des näheren Eingehens, auf den dem Reichskanzler zu erstattenden Generalbericht und die spezielle Beschreibung und Anschläge zum ersten Bauabschnitt verweisend, und bemerke nur, dass ich auch für den ganzen Zug der Centralbahn eine Spurweite von 75 Centimeter auf absehbare Zeiten für genügend halte.

Die einzelnen Bauabschnitte der Centralbahn werden folgende Längen haben, wobei zu bemerken ist, dass nur für den ersten Abschnitt die Bahnlänge genau ermittelt wurde, während für die folgenden Abschnitte die Luftlinien, mit einem entsprechenden Zuschlag für die Krümmungen, zu Grunde gelegt sind:

1. Von Dar-es-Salâm, einschliesslich Abzweigung nach Bagamoyo, bis Mrogoro (Ukami) . . .	291	Kilometer
2. Von Mrogoro bis Tabora	777	-
3. Von Tabora bis zum Tanganyka	425	-
4. Von Tabora bis zum Viktoria-Nyanza . . .	280	-
Summa . . .	1773	Kilometer

Der erste Bauabschnitt ist, soweit dies für Ost-Afrika möglich erschien, mit Genauigkeit und Vorsicht veranschlagt; auch sind hierbei die Erfahrungen beim Bau der Usambara-Eisenbahn stets zu Rat gezogen. Hiernach stellen sich die Gesamtkosten pro Kilometer, einschliesslich der Bauzinsen, auf Mark 41 667. Es hätte keinen Zweck, da dies der künftigen Bauverwaltung zufällt, für die späteren Bauabschnitte spezielle Kostenermittelungen anzustellen. Doch lässt sich im Allgemeinen aus einer Betrachtung der Terrainverhältnisse schliefsen, dass die ferneren Bauabschnitte den Durchschnitt der Baukosten des ersten Abschnittes keinesfalls erreichen werden. Für den ersten Teil des Abschnittes zwischen Ukami und Tabora möchte dies noch beinahe zutreffen; für die folgenden Abschnitte werden aber allerhöchstens Mark 33,000 pro Kilometer anzunehmen sein*).

Es hat ebenso wenig Zweck, hier über die Betriebskosten der ganzen Strecke in nähere Untersuchungen eintreten zu wollen, und bemerke ich nur, im Hinweis auf die für die erste Strecke aufgestellten sehr vorsichtigen Berechnungen, dass, im umgekehrten Verhältnis zur Ausdehnung des Unternehmens, die Betriebskosten pro Kilometer herabgehen werden, wie dies die Erfahrung lehrt und in der Natur der Sache liegt.

Auch bezüglich der Rentabilität beschränke ich mich auf die Erörterungen im Generalbericht und die Bemerkungen zum ersten Bauabschnitt. Mag auch das von den späteren Bauabschnitten durchzogene Gebiet nicht so fruchtbar sein wie Ukami und Usagara, so ist doch selbst das nach dem gewöhnlichen Sprachgebrauch als Steppe bezeichnete Land durchaus nicht als unfruchtbar und nicht zur Ansiedelung geeignet zu bezeichnen.

*) Über die voraussichtliche Verringerung der Baukosten verweise ich auch auf den Inhalt des Schlusswortes. W. O.

Es eignet sich nur nicht für die spezifischen Tropenkulturen, bringt aber sonst alle Bodenerzeugnisse hervor, deren die Bevölkerung zur Nahrung bedarf, eignet sich insbesondere auf grossen weiten Flächen vortrefflich zur Viehzucht. Und endlich erreicht die Bahn an ihren Endpunkten zwei mächtige Seen mit ihren fruchtbaren Ufern, die gleichsam eine kostenlose Verlängerung der Bahnverbindung darstellen und höchst wahrscheinlich zur Rentabilität des ganzen Centralbahn-Unternehmens in gleichem, vielleicht in grösserem Masse beitragen werden, wie das fruchtbarere Land im ersten Bauabschnitt. Auch liegt auf der Hand, dass die Einnahmen aus den Ein- und Ausfuhrzöllen, nach Vollendung der ganzen Bahnverbindung zwischen dem Ozean und den grossen Binnenseen, in noch weit stärkerem Verhältnis als beim ersten Bauabschnitt wachsen müssen. Doch es scheint zur Zeit müssig, hierüber in nähere Berechnungen, die sich doch nur auf willkürlich gegriffene Zahlen stützen könnten, einzutreten. Denn die Erfahrungen beim Bau und Betrieb der ersten Strecke von Dar-es-Salâm bis Ukami werden der Bahnverwaltung, der Reichsregierung und dem Reichstag ganz andere und weit genauere Unterlagen für die Entschliessungen zum Weiterbau bieten, als sie zur Zeit mit Anspruch auf irgend eine Bedeutung geliefert werden können.

Berlin, den 27. Mai 1896.

Bormann.

Anlage H.

Über die Bedeutung von Bagamoyo und Zanzibar.*)

Bei einer Besprechung der projektierten Eisenbahn von Dar-es-Salâm nach Tabora ist die Frage aufgeworfen worden, ob eine Abzweigung dieser Bahn, in der Nähe der Küste, nach Bagamoyo nützlich und empfehlenswert sei.

Die Meinung hierüber ist geteilt. — Während die Einen glauben, indem sie die Bahn nur von Dar-es-Salâm ausgehen lassen, dass sie das ganze Elfenbeingeschäft nach diesem Platz hinziehen können und dadurch sich von Zanzibar unabhängig machen, sind die Anderen der Ansicht, dass Zanzibars Kapitalkraft und der Unternehmungsgeist der indischen Kaufleute nicht zu entbehren ist, und dass man deshalb Rücksicht hierauf nehmen und Bagamoyo mit der Bahn verbinden müsse, weil dieser Platz am leichtesten von Zanzibar aus zu erreichen ist.

Wir teilen die letztere Ansicht. Die Expeditionen der Karawanen ins Inland werden von Arabern geleitet, aber von den Indern ausgerüstet; diese geben das Geld dazu her. Hierin wird sich wenig ändern, auch wenn eine Eisenbahn nach Tabora gebaut ist. Die Inder, welche diese Geschäfte betreiben, haben ihren Hauptsitz in Zanzibar; es ist daher ganz natürlich, dass die Karawanen, wenn sie aus dem Innern zurückkommen, die eingetauschten Waren und Produkte nicht an der Küste lassen, sondern in Zanzibar abliefern. Dies gilt insbesondere von Elfenbein.

Dar-es-Salâm, Bagamoyo, Pangani etc. bilden den Endpunkt der Karawanenstrassen an der Küste, nicht aber Märkte für den Verkauf von Elfenbein.

Der Markt ist in Zanzibar.

Von Alters her ist alles Elfenbein von der Küste, sei es aus der deutschen oder englischen Interessensphäre, oder aus dem Somalilande, ja, selbst aus portugiesischen Besitzungen nach Zanzibar gebracht worden, um daselbst verkauft zu werden.

Der Grund hierfür liegt in dem bereits Gesagten und darin, dass in Zanzibar durch die vielseitige Nachfrage und Konkurrenz stets die höchsten Preise zu erzielen und kapitalkräftige Käufer zu finden sind, welche jedes Quantum von Elfenbein aufzunehmen und zu bezahlen in der Lage sind.

---

*) Die Statistik des Zanzibarhandels im Vergleich mit der Handelsbewegung von Deutsch-Ostafrika ergiebt sich aus Anlage M. sub III.

Dazu kommt, dass Indien mit der grösste Konsument für Elfenbein ist und dass namentlich alle Hohlungen ausschliesslich nach dort gehen, um zu Armringen etc. verarbeitet zu werden und daher auch aus diesem Grunde der Zanzibar-Markt dem Verkäufer und Käufer die grössten Vorteile bietet.

Diejenigen, welche es beklagen, dass Zanzibar eine so hervorragende geschäftliche Stellung einnimmt und durch seine Inder den Handel an der ganzen Küste betreibt, befinden sich im Irrtum, wenn sie glauben, dass durch Zanzibar die geschäftliche Entwickelung des deutschen Schutzgebiets in Ost-Afrika beeinträchtigt oder gehemmt wird.

Auch wir würden es freudig begrüssen, wenn die Küstenplätze sich rascher und kräftiger entwickelten, als es zur Zeit der Fall ist, aber das lässt sich nicht erzwingen. Man muss nicht vergessen, dass an der Küste noch fast alles zu schaffen ist und dieses viel Zeit erfordert. Man sollte sich freuen, dass ein geschäftserfahrenes und kapitalkräftiges Element wie die Inder in Zanzibar vorhanden ist, welches den Handel in Deutsch-Ost-Afrika betreibt, und sollte alles thun, sich dieses Element nutzbar zu machen, nicht aber die Handelsbeziehungen zwischen Zanzibar und Deutsch-Ost-Afrika stören.

Man denkt doch auch nicht daran, den Handel mit Bombay zu erschweren, sondern fördert ihn sogar durch eine direkte Dampfer-Verbindung der Deutsch-Ost-Afrika-Linie. Bombay steht in seinen Beziehungen zu Deutsch-Ost-Afrika nicht anders da als Zanzibar.

Man gewähre daher auch Zanzibar dieselben Erleichterungen, und der immer mehr aufblühende Handel wird Zeugnis davon ablegen, welche wichtigen wirtschaftlichen Mitarbeiter die Inder für unsere Kolonie sind.

Man hat ja, und mit Recht, manches an dem Geschäftsgebahren der Inder auszusetzen, aber in welchem Lande gäbe es keine Missstände und Auswüchse in der Handelswelt?

Nach dem Vorgesagten können wir nur befürworten, dass man nicht nur Dar-es-Salâm, sondern auch Bagamoyo mit der grossen Tabora-Bahn verbindet und diesen Platz dem dort seit alter Zeit ausmündenden Karawanenverkehr erhält, welcher sich nach vollendetem Bahnbau, von Tabora und den Zwischenstationen ausgehend, noch kräftiger nach allen Seiten entwickeln wird.

Dabei ist zu berücksichtigen, dass von Bagamoyo aus das Elfenbein viel leichter und billiger mit den Segelschiffen der Eingeborenen nach Zanzibar und somit auf den grossen Weltmarkt kommt, als von anderen Plätzen, was doch vom ökonomischen Standpunkte von grösster Bedeutung für unsere Kolonie ist.

Die Kosten einer Abzweigung nach Bagamoyo werden ja im Vergleich zu den Kosten der Hauptbahn so unbedeutend sein, dass darüber kaum ein Wort zu verlieren ist.

Indem die Bahn noch einige Distrikte mitnimmt, welche sich zum Plantagenbau eignen, würde sie das nähere Hinterland, besonders den für Kokospalmen-Anbau noch geeigneten Küstenstrich aufschliessen und so an Bedeutung gewinnen.

Zum Schluss sprechen wir unsere Freude darüber aus, dass die Bahn-Angelegenheit jetzt energisch in die Hand genommen wird. Wo Deutsch-Ost-Afrika keine schiffbaren Flüsse von irgend welcher Bedeutung besitzt, ist dies der einzige Weg für eine rasche Entwickelung des Landes.

Hamburg, den 6. März 1896.

Wm. O'Swald & Co.

Anlage J.

Erläuterungs-Bericht, betreffend die Bedeutung des ersten Bauabschnittes der Centralbahn von Dar-es-Salâm bis Mrogoro (Ukami).

Die Centralbahn soll, ihrem Namen entsprechend, Deutsch-Ost-Afrika von Dar-es-Salâm aus über Tabora bis zum Tanganyka-See, also von Osten nach Westen vordringend, in der Mitte durchschneiden, um die ganze Kolonie wirtschaftlich zu erschliessen und das Rückgrat für ein ost-afrikanisches Eisenbahnnetz zu schaffen.

Als erste, natürliche Etappe dieses grossen, der weiteren Zukunft vorbehaltenen Projektes stellt sich die Strecke von Dar-es-Salâm bis zum Nordrande des Uluguru-Gebirges dar. Schon längst war der Wunsch vorhanden, das fruchtbare und stark bevölkerte Uluguru-Gebirgsland dem Handel und der Kultivierung zu erschliessen. Der ehemalige Gouverneur Herr von Schele war der Erste, welcher diesem Projekt durch Rekognoszierung und Geländeaufnahme bereits im Jahre 1894 näher treten liess.

Wenn auch die Weiterführung dieser Arbeiten im Sinne einer Centralbahn ins Auge gefasst war, so bildete doch vorläufig das Uluguru-Gebirge mit der Vorlandschaft Ukami den Zielpunkt auf Grund der richtigen Erkenntnis der wirtschaftlichen Bedeutung dieser Gegenden für ein selbstständiges Unternehmen, also ihrer Wichtigkeit an und für sich.

Die Strecke von Dar-es-Salâm bis zum Nordrand des Uluguru-Gebirges bietet sich nunmehr als erster Bauabschnitt der Centralbahn dar. Der Unterzeichnete hat im Auftrage des Comites für den Bau einer Centralbahn die Rekognoszierung dieser Strecke ausgeführt, deren Resultate noch Ergänzung fanden durch die Erfahrungen und Eindrücke, die vorher in $1\frac{1}{2}$-jähriger Bereisung des hier in Betracht kommenden Geländes nach den verschiedensten Richtungen gewonnen wurden.

Die erste Baustrecke von Dar-es-Salâm bis Ukami hat (ausschliesslich der Zweigbahn nach Bagamoyo) eine Länge von 258 Kilometer und zerfällt, von Osten nach Westen gerechnet, in drei natürliche Geländeabschnitte:

1) Küste bis Kingani-Fluss.
2) Das Gerengeri-Thal bis etwa in die Höhe des Ortes Kwa Masudi, am Schnittpunkt des von Bagamoyo nach dem Inneren führenden Karawanenpfades, mit dem Gerengeri-Fluss.
3) Gerengeri-Thal bis zur Landschaft Mrogoro, am Nordabhang des Uluguru-Gebirges, unweit der Westgrenze von Ukami.

Diese Abschnitte werden betreffs ihrer wirtschaftlichen Bedeutung nach folgenden Gesichtspunkten zu prüfen sein:

Da Volkszählungen bekanntlich in Deutsch-Ost-Afrika noch nicht stattgefunden haben, so beruhen alle darüber vorhandenen Angaben nur auf Schätzung. Von der Küste bis zum Kingani-Fluss ca. 84 Kilometer Luftlinie, im Hinterland des Küstenstreifens Bagamoyo—Dar-es-Salâm und im fruchtbaren Kisangire- oder Msanga-Hügelland — alles zusammengefasst unter dem Namen Usaramo — ist die Bevölkerung für afrikanische Verhältnisse als dicht zu bezeichnen. Es ist ein ununterbrochenes Kulturland, in dem der Reisende nicht in die Verlegenheit kommt, in der Wildnis übernachten zu müssen, weil er auch bei kleinen Märschen überall Dörfer und Schamben d. h. Negerplantagen vorfindet. Wenn es den Missionaren gelungen sein wird, die meist aus dunklem Aberglauben entspringende Unsitte des Kindermordes bei den Wasaramo-Leuten völlig zu beseitigen, wird die Bevölkerung dort noch bedeutend zunehmen.

Nicht so günstig liegen die Verhältnisse im zweiten Teil des ersten Bauabschnittes. Das Kingani-Thal ist zwar zwischen Usungula und der Kingani-Mündung, auf welcher Strecke es stellenweise eine Breite von 6 bis 8 Kilometer erreicht, wohl bevölkert, ebenso das Gerengeri-Thal. Das Nachbargelände des Gerengeri jedoch, besonders das südliche, ist fast verödet. Der Grund hierfür ist nicht in der Beschaffenheit des Landes zu suchen, sondern als eine Folge der früheren Einfälle der räuberischen Mafiti-Stämme anzusehen. Diese Einfälle haben nun mit dem Auftreten der deutschen Macht in der Kolonie völlig aufgehört. Das Gerengeri-Gebiet hat sich seit mehreren Jahren allmählich wieder bevölkert und würde dies in noch stärkerem Verhältnis stattgefunden haben, wenn nicht in den letzten Jahren die Heuschreckenplage aufgetreten wäre und als Folge derselben Hungersnot. Es ist jedoch zu erwarten, dass die bereits in der Abnahme begriffene Heuschreckenplage bald ganz verschwindet, indem die nächste Regenzeit voraussichtlich die noch vorhandenen Schwärme vernichten wird. Nach Aussage der Neger tritt nach einer Heuschreckenperiode eine Ruhepause von ca. 20 Jahren ein, und soll es dann überall chokolla mingi (viel Essen) geben. Ohne Zweifel werden dann die früheren Bewohner im Nachbargelände des Gerengeri wieder ansässig werden, besonders wenn die Eisenbahn dort ins Leben tritt. Dieselbe wird dem Laufe des Gerengeri folgen müssen, wenn auch die Fortsetzung von der Kingani-Brücke an in nordwestlicher Richtung auf Kwa Masudi zu bedeutend kürzer ist; denn im Gerengeri-Thal findet der Bau stets fliessendes Wasser, Menschen und Nahrung. Ausserdem ist zu bedenken, dass die in der Nähe des Flussthals bezw. in demselben führende Bahn beiden Ufern gleichmässig zu Gunsten ihrer wirtschaftlichen Entwickelung in breiter Zone nach Norden und Süden mit Hülfe der sich rasch entwickelnden Seitenwege dienen wird.

Im dritten Teile des Bauabschnittes vom Gerengeri-Übergang bis nach der Westgrenze von Ukami, also bis zum südlich gerichteten Teile des grossen Gerengeri-Bogens hat man wieder den Eindruck eines fruchtbaren, wohlbebauten und dicht bevölkerten Landes. Die Bahn erschliesst hier, ausser Ukami nach Süden hin, das Uluguru-Gebirge, nach Norden hin die Landschaft Useguha. Ersteres bereiste ich im Verein mit Herrn Dr. Stuhlmann und lernte hier ein Gebiet kennen, welches infolge seiner dichten Bevölkerung, Höhenlage Fruchtbarkeit und Wasserreichtums zu den schönsten Hoffnungen berechtigt. Die Bevölkerungsverhältnisse von Useguha müssen ebenfalls recht günstig sein, denn Useguha-Leute erzählten, dass ihrem früheren Gebieter Bana Heri, der vor Wissmann geflohen sei, jederzeit viele Tausende von Kriegern zur Verfügung standen, wenn er die Kriegstrommel schlug.

Mit Bezug auf Ukami, den dritten Teil des ersten Bauabschnittes, schreibt Dr. Stuhlmann:

> „Das Land kann als dicht bevölkert gelten. Überall auf den Vorsprüngen und Sätteln der Hänge sieht man die kleinen Häuserkomplexe, deren man von einem Standorte aus oft 50 bis 100 zählen kann.“

Am Fuss der Uluguru-Berge im Gerengeri-Gebiet durchschreitet die Bahn das stark bevölkerte Land des Häuptlings Kingo mkubwa (d. h. der Grosse), welcher im Hauptort Mrogoro der gleichnamigen Landschaft residiert, unweit des Ortes Simbamweni, den er seiner Schwester, der bibi Simbamweni, als Sitz angewiesen hat. Beide Niederlassungen sind nach afrikanischen Verhältnissen als Negerstädte zu bezeichnen. Bei Kingo zählte ich ca. 400 dicht bei einander gruppierte Hütten am Fusse des Uluguru-Gebirges und taxiere die Bewohnerzahl auf ca. 2000 Seelen, bei der Simbamweni auf die Hälfte. Auf dem Wege von Osten nach Westen in Richtung der Centralbahn ist Kingo der erste, stets mit zahlreichem Gefolge auftretende afrikanische Grosse, dem der Reisende begegnet. Während in Usaramo in vielen kleinen, zerstreuten Ansiedelungen ohnmächtige Jumben, Dorfälteste, im patriarchalischen Verhältnis mit ihrer Sippe leben, begegnen wir hier bei Kingo einer organisierten Macht. Sein Befehl reicht weit über den Gerengeri und fast bis zum Kingani, und ihm wird unbedingt Folge geleistet. Der Reisende, der frischer Träger bedarf, bittet hier nicht vergebens, bezieht doch Kingo aus diesem Trägervermietungsgeschäft, welches er en gros betreibt, den grössten Teil seiner Einnahmen. Hier ist also auch der Ort, wo die Bauleitung die für den Bahnbau nötigen Arbeiter zum Teil zu requirieren hat. Kingo ist stets ein Freund der Deutschen gewesen und kann auf seine Unterstützung bezüglich des Eisenbahnbaues mit Sicherheit gerechnet werden.

Was nun die Bodenbeschaffenheit und Vegetation betrifft, so herrscht hinter der meist sandigen Küste im eigentlichen Usaramo roter Lateritboden vor. Die durch viele in nordsüdlicher Richtung verlaufende Thäler durchschnittene, äusserst hügelige Landschaft weist in den Thälern dunklen Alluvialboden auf, ebenso die 3 bis ca. 8 Kilometer breite Kingani-Ebene.

Im Kiserawe-Bergland finden wir auf den Höhen vorherrschend Laterit, in den Thälern ebenfalls dunklen Alluvialboden. Im südwestlichen Teile von Usaramo, dem Msango-Hügellande, auch Kisangire genannt, ist der Boden in den flachen Teilen des Landes sandige, hellgraue Erde, auf den

Höhen Laterit; stellenweise beobachtet man als Unterlage hellgrauen bis schneeweissen Mergel. In den Landschaften Marui und Rukinga lagert auf diesem pechschwarze Erde, was diese Gebiete zusammen mit der üppigsten Vegetation und dem ständig Wasser führenden Mkongoloni-Bach zu dem anscheinend fruchtbarsten Gebiete von Usaramo macht.

Die Vegetation des sandigen Küstenstreifens ist meist lichter Steppenwald, auf dem Hügelland dagegen erblickt das Auge reiche Vegetation, meist dichten Busch, sonst lichten Steppenwald. Usaramo ist auch während der trockenen Jahreszeit grün.

In der Landschaft vom Kingani bis zum nördlich gerichteten Gerengeri-Bogen überwiegt hellgrauer, häufig dunkelbrauner, meist undurchlässiger, sandiger Lehmboden. Die Undurchlässigkeit des Bodens ist auch in der Trockenzeit zu konstatieren, einmal an der Härte der Bodenrinde und ferner an dem häufigen Vorkommen der Acazia fistula. Die Vegetation ist lichter Steppenwald, der zuweilen auf grosse Strecken durch bosquettartige Buschparzellen den Charakter der Parklandschaft gewinnt.

Das Gerengeri-Thal selbst, in seinem Verlaufe von Osten nach Westen vom Kingani an betrachtet, ähnelt in seinem Charakter dem Thal des Kingani. Ebenso wie dieser Fluss schlängelt sich der Gerengeri innerhalb des meist 2 bis 3 Kilometer breiten Thales entlang, bald die Höhenränder des nördlichen, bald die des südlichen Ufers berührend. Das Thalgelände zeigt abwechselnd dunklen Alluvialboden, oft schwarzen schweren Humusboden, seltener Laterit. Westlich des Gerengeri-Flusses bis zum Nordrand des Uluguru-Gebirges überwiegt wieder der rote Laterit.

Da die Centralbahn das Uluguru-Gebirge, dessen Nordabhang sie berührt, mit Hilfe von Wegen bezw. sonstigen Zubringern erschliessen soll, ist es wichtig, auch dessen Bodenverhältnisse zu betrachten.

Dr. Stuhlmann, der das Uluguru-Gebirge am eingehendsten bereist hat, sagt hierüber:

> „Ein grosser Teil der Vorberge ist mit tiefschwarzer Erde bedeckt; sie scheint an ihrer ursprünglichen Stelle zu lagern und das Zersetzungsprodukt der darunter liegenden Gesteine zu sein.
>
> Schwarzerde kommt auch noch auf dem Centralgebirge vor, doch ist dort auch viel Laterit als Grundlage zu beobachten, dem eine sehr dichte Schicht Humuserde aufgelagert ist, wo noch Wald steht."

Über die Vegetation sagt Dr. Stuhlmann unter Anderem:

> „In den Thälern, die das Centralmassiv von den Vorbergen trennen, findet man einen üppigen Tropenwald, mit hohen Stämmen, Lianen, Farren u. s. w.
>
> Der Untergrund ist feucht.
>
> Stellenweise sind ausgedehnte Bestände dichten Waldes vorhanden, stellenweise schmale Streifen, nach Art der Galleriewälder.
>
> Vielfach reichen in Schluchten und Bachthälern die Ausläufer des Urwaldes in das Rodungsgebiet hinein, der die oberen Teile des Gebirges von etwa 1800 bis 1900 Meter an bedeckt.

Von geradezu bewunderungswerter Schönheit und Fruchtbarkeit sind die hochgelegenen Thäler und Thalkessel, die oben umrandet sind von Urwald, der in Streifen hineinragt, und die von zahllosen Bächen und Rinnsalen bewässert sind.

Alle 5 bis 10 Minuten hat man auf dem Marsche einen kleinen Lauf von klarem und eiskaltem Wasser zu überschreiten und überall kommt man zu dem Gedanken: „Was könnte hier mit künstlicher Bewässerung geschehen".

Der Urwald hat seine schönste Ausbildung auf dem Firste der grossen Nordkette und auf dem südlichen Centralmassiv.

Eine dichte Masse von mächtigen Baumriesen bedeckt diese Hänge, umsponnen von Lianen."

Dr. Stuhlmann weist ferner darauf hin, dass der Gefahr allmählicher Entwertung des wertvollen Uluguru-Gebirges durch rücksichtsloses Abholzen und Abbrennen seitens der Eingeborenen, auch ihrem Raubbausystem, entgegengetreten werden müsse durch Beaufsichtigung bezw. regelrechte Forstwirtschaft von einer dort anzulegenden Kulturstation aus, der auch Versuche mit allerlei Kulturpflanzen zufallen würden.

Aus den vorstehenden Schilderungen über die Bodenbeschaffenheit und Vegetation des Geländes von Usaramo und Ukami ist zu ersehen, dass fast überall die Vorbedingungen für erfolgreiche Bodenkultur bestehen. In Anbetracht der Faulheit des Negers, die seiner ungeheuren Bedürfnislosigkeit entspringt, ist es geradezu erstaunlich, was der Boden an den bebauten Stellen, unterstützt durch das tropische Klima, leistet, ohne die geringste Düngung. Selbst der oberflächlich sandige Boden (Küstenboden) überrascht durch seine Ertragsfähigkeit. Sämtliche Gewächse der Negerkultur gedeihen hier, und in grossen Mengen der durch den Reichtum an Früchten überraschende Mangobaum. Die Ursache dieser Erscheinung ist darin zu suchen, dass der Sand einer Lehm- und Mergelschicht auflagert.

Das Hauptprodukt des Küstenstreifens ist die Kokospalme. Sie gedeiht in ganz Usaramo bis zum Kingani; im Gerengeri-Thal sah ich sie nicht, dann aber wieder in Ukami.

Die Produkte der Negeragrikultur von der Küste bis nach Ukami sind hauptsächlich: Manyok, der besonders an leicht sandigen Stellen gedeiht und wenig Arbeit erfordert, aber viel Nahrungsstoff enthält; ferner Mais, Bohnen, Bohnenstrauch, Sorghum (Negerhirse), welche besonders zur Herstellung des berauschenden Negerbieres benutzt wird, Kürbisse, ferner die Ölfrüchte: Erdnuss, Ricinus und Sesam. Dieselben gedeihen überall, sind jedoch wenig gebaut, da der Neger das zur Pflege seines Kopfhaares und in der Regenzeit für die Haut des nackten Oberkörpers erforderliche Schmiermittel bequemer aus den Früchten der überall in grossen Mengen wildwachsenden Ricinusstaude entnimmt. Tabak findet sich allenthalben in kleinen Mengen, hin und wieder Baumwolle; Reis gedeiht überall in den Niederungen, die Orange kommt in ganz Usaramo vor. Die Kautschukliane wächst wild sowohl in der Nähe der Wasserläufe als auch im

Steppenwald. Besonders häufig kommt sie im Kiserawe-Bergland vor. Im Thale des Simbasi, welcher das Bergland im nördlichen Teile durchschneidet, fand ich ausser der Liane auch den Kautschukbaum, dessen Früchte Negerweiber sammeln und verarbeitet in den Kleinhandel bringen, Reis, Erdnuss, Sesam, Ricinus, Baumwolle und die Kokospalme und vor allem der Kautschuk würden die Erzeugnisse sein, welche für den Transport mit der Bahn in erster Linie in Betracht kommen.

An geologischen Produkten ist bis jetzt nur Kopal im Kleinhandel, den der Neger mühelos aus kleinen Löchern gewinnt, die die Grösse eines Spatenblattes haben, bei einer Tiefe von ca. 1 Meter; die Faulheit des Negers geht aber so weit, dass er solche Löcher nur in der Nähe der Pfade ausgräbt.

Was die Möglichkeit der Anlage von Plantagen für Europäer betrifft, so ist diese Frage entschieden zu bejahen. Als Beweis führe ich zunächst die Mission Kiserawe, Tununguo und Mrogoro an, sowie die Usambara-Plantagen.

Die evangelische Mission Kiserawe liegt in einer Entfernung von ca. 30 Kilometer von der Küste im Bergland Kiserawe in einer Höhe von ca. 300 Metern. Die Mission besteht erst seit vier Jahren. In dieser kurzen Zeit ist unter der thatkräftigen Leitung des Herrn Greiner eine stattliche Niederlassung auf dem Plateau des eigentlichen Kiserawe-Berges entstanden, die ausser einer Kapelle zwei nach europäischem Stil gebaute Wohnhäuser, sowie mehrere gute Stallgebäude aufweist. Auf dem südlichen Hange des Berges dehnt sich die blühende Missionsplantage aus bis hinab in das Thal, welches den grössten Teil des Jahres durch den dem Simbasi trikutären Magila-Bach bewässert wird. In der Missionsplantage werden hauptsächlich Feldfrüchte und Gemüse zur Ernährung der Zöglinge, ausserdem Bananen und Ananas, die reichen Ertrag liefern, gezogen.

Der Viehbestand der Mission, bestehend aus Kühen, Ziegen und Schweinen, berechtigt zu guten Hoffnungen.

Im Magila-Thale ist eine Reisplantage angelegt, die in den Trockenmonaten von zwei Brunnen aus berieselt wird.

Der in demselben Thale gelegene Karawanenrastplatz ist von zahlreichen Kokospalmen und Orangenbäumen beschattet. Die Mission ist jetzt bereits im Stande sich selbst zu erhalten, ja sie würde sogar bedeutende Mengen von Früchten und europäischen Gemüsen nach Dar-es-Salâm exportieren können, wenn der dorthin führende, vom Engländer Mackinon seiner Zeit angelegte Weg sich in einem für Fahrverkehr geeigneten Zustande befände. Die Reparaturarbeiten für Wegebau sind als zu kostspielig aufgegeben worden, im Hinblick auf ein baldiges Entstehen einer Eisenbahn. Die Leistungen der Kiserawe-Mission sind erstaunlich, wenn man bedenkt, dass dieselbe mit den bekanntlich geringen Geldmitteln und nur mit Hülfe der Wasaramo-Neger in so kurzer Zeit ein Kulturcentrum aus der Wildnis schuf. Es ist dies aber auch ein Beweis, dass das Kiserawe-Bergland sich für europäische Besiedelung vorzüglich eignet.

Für den Plantagenbau käme für Kiserawe nach Höhenlage und Klima die Hochlandkultur, Kaffee, Thee u. s. w. in Betracht.

Die katholischen Missionen Tununguo und Mrogoro wurden vom Orden der weissen Väter in Ukami gegründet als die Kolonie noch nicht in deutschen Händen war. Unter schwierigen Verhältnissen, infolge der grossen Entfernung von der Küste, und inmitten kriegerischer Umgebung, konnte sich die Entwickelung dieser Mission naturgemäss nur langsam vollziehen. Nachdem aber die Missionare, durch das Beispiel ihrer Unerschrockenheit und Selbstlosigkeit mächtig wirkend, viel Anhänger gefunden hatten, fehlte es ihnen auch nicht mehr an Zöglingen zur Verbreitung des Christentums und nicht an Arbeitskräften, mit Hülfe deren sie die Bewirtschaftung ihres Landes systematisch betreiben konnten. Der Erfolg ist nicht ausgeblieben, besonders bei der älteren Mission Mrogoro, welche der landwirtschaftlichen Seite viel Aufmerksamkeit gewidmet hat. Mit Bezug auf den Plantagenbau lohnt es sich daher gerade diese Mission näher zu betrachten.

In einer Höhe von ca. 700 Meter gelegen, mit Hülfe eines der zahlreichen vom Nord-Uluguru herabstürzenden, immerfliessenden Bäche, allenthalben künstlich bewässert, macht sie den Eindruck einer Musterplantage. Die Mokka-Kaffee-Plantage versprach zur Zeit meines Dortseins die zweite reiche Ernte nach vierjährigem Bestehen; die Kokospalmen waren ebenso mit Nüssen beladen, wie die an der Küste; der Küchengarten zeigte alle europäischen Gemüse; Ananas und Bananen waren besonders vortrefflich und in grossen Mengen vorhanden. Der Viehbestand ist vorläufig ein kleiner, zeigt aber ein gutes Gedeihen, ebenso wie der des Häuptlings Kingo in der benachbarten Ortschaft Mrogoro. Die Ziegen- und Schafzucht wird überhaupt in ganz Ukami mit grossem Erfolge betrieben. Die durchaus wohnlichen Räume der Mission sind mit Hülfe der schwarzen Arbeiter aufgerichtet. Die erforderlichen Baumaterialien, hartes, der weissen Ameise widerstehendes Holz, Kalk, Steine u. s. w. entstammen der Landschaft Mrogoro.

Die Umgebung der Mission hat den Vorzug grosser landwirtschaftlicher Schönheit, die das Entzücken des Reisenden wachruft. Dr. Peters sagt über Mrogoro:

> „Wie überall, so hat auch hier die katholische Mission verstanden, durch fleissige Arbeit und kluge Organisation eine wunderbare Schöpfung aus der Wildnis hervorzuzaubern und den Beweis zu liefern, was sich aus diesem Afrika bei richtigem Vorgehen schaffen lässt.
>
> Dass hier alle Arten tropischer und europäischer Gemüse in tadelloser Weise vorkommen, brauche ich wohl nicht zu sagen.
>
> Die Kaffeeplantage von Mrogoro aber muss als eine Musterplantage erwähnt werden; die Leistung ist um so bewunderungswürdiger, als diese Missionsanstalten von ihrem Orden als Jahresunterstützung für eine solche Anlage nur die lächerlich kleine Summe von 1000 Francs ausbezahlt bekommen, im Übrigen aber

für ihren Unterhalt und ihre sämtlichen Ausgaben auf das angewiesen sind, was sie aus dem Boden und der Arbeitskraft ihrer Zöglinge zu machen verstehen."

Dr. Stuhlmann sagt über Mrogoro:

„Nördlich am Fusse des 1200 Meter über der Mission aufsteigenden Tongeni-Bergstockes gelegen, hat die Mission eine äusserst günstige Lage.

Der aus einer Schlucht des Berges zwischen üppiger Vegetation herabkommende Bach ist abgeleitet und zur künstlichen Bewässerung benutzt.

Dem ist zu danken, dass Kaffee, Zimmt, Vanille und tropische Obstbäume vorzüglich gedeihen."

Ich will hier noch erwähnen, dass der Gesundheitszustand auf allen den genannten Missionen ein sehr guter ist.

Diese Thatsache feststellen zu können, ist sehr erfreulich, wenn man bedenkt, dass die meisten Missionare sich bereits eine Reihe von Jahren ohne Unterbrechung auf ihrem Posten befinden.

Ohne Zweifel liefert das Gedeihen der in Ukami vorhandenen Missionen den Beweis, dass in dieser fruchtbaren, stark bevölkerten, gut bewässerten Landschaft alle für den Plantagenbau durch Europäer nötigen Vorbedingungen existieren.

Zur Beurteilung von Ukami in dieser Hinsicht führe ich noch folgendes Urteil des Herrn Dr. Peters an:

„Steil und schroff ragt Ukami von allen Seiten aus der umliegenden Steppe empor, mit kühnen Ecken und Zinnen, wie wir dies bei Usambara fanden. Aber Ukami ist noch wasserreicher als dieses und infolgedessen von noch grösserer Fruchtbarkeit und noch grösserer Triebkraft des Bodens."

Und weiter:

„Wirklicher, hochstämmiger Urwald bedeckt einen grossen Teil der Plateauhöhe, und an den Abhängen und in den Thalsohlen drängen sich die Felder und Dörfer der Eingeborenen, welche Pater Horner — wohl übertrieben — auf 250 000 Seelen schätzt.

Hier gedeihen in üppigster Kraft Wachs- und Brotbaum, Mango- und Melonenbäume und auf den Feldern der Eingeborenen erblickt das Auge: Manyok, Bataten, Bohnen und Linsen, Hirsen, Citronen und Zuckerrohr, Mais und Bananen, Sesam, Erdnüsse, Kürbisse, Eierpflanzen etc.

Dass Stanley ebenfalls den Wert von Ukami erkannte, geht aus seinen naiven Worten hervor:

„Es giebt viele Hongists und Horsas, Kaptain John Smiths und Pilgerväter in der angelsächsischen Rasse, und wenn Amerika von ihren Nachkommen gefüllt ist, warum soll dann nicht Afrika und namentlich dieser prachtvolle Teil desselben (Ukami) ihnen zu einer neuen Heimat werden?" —

Ich füge hinzu, dass das, was die in kolonialen Fragen so praktischen Engländer für prachtvoll halten, gewiss gut ist.

Noch mehr als die vorstehend angeführten Schilderungen muss aber selbst auf den Kolonialpessimisten die Thatsache ermutigend wirken, dass der erste Versuch, der mit Plantagenbau in Deutsch-Ost-Afrika gemacht wurde, von grossem Erfolge gekrönt worden ist. Ich meine die Plantagen im Usambara-Bergland.

Um nun die Rentabilität der Plantagen beurteilen zu können, ist zu erörtern, welche Kulturen überhaupt möglich sind, und welche von diesen sich lohnbringend erweisen werden.

Am besten gedeihen natürlich alle oben erwähnten Erzeugnisse der Negerkultur, deren Prinzip ja müheloses Ernten ist. Leider ist nun gegenwärtig ein grosser Teil jener Erzeugnisse durch Heuschreckenfrass vernichtet worden. Auf diesen Umstand muss vorläufig noch Rücksicht genommen werden. Das Gouvernement in Deutsch-Ost-Afrika lässt unausgesetzt Beobachtungen anstellen, um zu ergründen, welche Kulturen von der Heuschrecke wenig oder garnicht geschädigt werden. Es hat sich herausgestellt, dass die Kokospalme, die Oelfrüchte, besonders die Erdnuss, sowie die Bananen hinsichtlich ihrer Ertragsfähigkeit wenig oder garnicht unter der Heuschrecke leiden und deshalb für den Anbau besonders geeignet sind.

Für das Gedeihen der Hochlandkultur, Kaffee, Thee, Cacao, Vanille liefern die Usambara-Plantagen einen sicheren Beweis; von dort sind bereits über 100,000 Pfund Kaffee als Ernte hierher eingebracht worden und haben sehr gute Preise erzielt. Es stehen z. B. auf den Plantagen der Deutsch-Ost-Afrikanischen Gesellschaft bereits eine Million Kaffeebäume in Blüte.

Als der Ausbeute würdige Landesprodukte sind ferner zu nennen: Die wildwachsende Kautschukliane und das Kopal. Der jetzige Export der Kolonie besteht hauptsächlich in Elfenbein, Kopra, Kautschuk, Gummi und Kopal. Auf einen bedeutenden Elfenbein-Export ist nicht dauernd zu rechnen. Die übrigen Exportartikel erscheinen in kleineren oder grösseren Mengen, je nachdem es dem Neger beliebt, Kautschuk und Gummi zu sammeln und Kopal in der Nähe der Pfade aus kleinen Löchern zu graben. Der Export an Kopra ist auf die mit der Kolonie übernommenen Bestände von Kokospalmen angewiesen. Neupflanzungen sind nur wenig vorgenommen worden.

Wir sehen also, dass der Export bis jetzt zum grossen Teil auf Zufall und Plünderung begründet ist. Dies ist um so mehr zu bedauern, da Nachfrage und Bewertung dieser Artikel auf dem Weltmarkte bedeutend sind.

Folgende Angaben zeigen dies: Nach Semler (tropische Agrikultur) verschifft z. B. die Insel Ceylon jährlich sechs Millionen frische Kokosnüsse und bereitet ferner so viel Kokosnusskerne zu Kopra, dass sie von diesem Artikel jährlich 50—60,000 Zentner im Werte von 700,000 bis 800,000 Mark ausführen kann.

Der Export an Oel hat sich, seit in Europa der Begehr für Kopra vorherrschend geworden ist, vermindert, beträgt aber doch noch durchschnittlich 150,000 Zentner, die fast ausschliesslich nach England gehen, das im Jahre 1884 aus seinen Kolonieen 245,695 Zentner dieses Artikels bezog. Es kommen noch zur Ausfuhr hinzu 70,000 Zentner Coir, 10,000 Zentner Taue, 50,000 Zentner Garn und 250,000 Gallonen Arrac. Der Gesamtwert der Ausfuhr dieser, der Kokospalme entnommenen Artikel kann mit 6 Millionen Mark angenommen werden.

Bezüglich der Kokospalme liegen die Verhältnisse in unserer Kolonie nach Angabe des Plantagenleiters Herrn Rowehl (Tanga) folgendermassen: Nach 6 Jahren liefert die Palme einen jährlichen Durchschnittsertrag von 1 Rupie (= 1,15 Mark bei mittlerem Kurs). Bis zur ersten Ernte betragen die Unkosten pro Baum ca. 2 Mark. Es ist also ersichtlich, dass schon im achten Jahre die Einnahme einen Überschuss über das gesamte Anlagekapital bildet, wachsend mit der Grösse des letzteren. Vom neunten Jahre an betragen die Einnahmen ca. 50 %. Die Kokosplantagenkultur ist also eine rentable Anlage, besonders für das grosse Kapital.

Eine grosse Nachfrage ist ferner auf dem Weltmarkt nach der Erdnuss vorhanden.

Diese mandelartige, wohlschmeckende Frucht ist nicht nur ein gutes Nahrungsmittel, sondern eignet sich auch ganz besonders für die Oelgewinnung. Von der westafrikanischen Küste z. B. werden gegenwärtig 70 bis 75 Millionen Kilo Erdnüsse verschifft; Marseille entnimmt allein jährlich 65 Millionen Kilo im Werte von annähernd 20 Millionen Mark. An der ostafrikanischen Küste ist es nur Mozambique, welches nennenswerte Mengen ausführt. Warum bringt unsere Ostküste nicht grosse Mengen in den Handel?

An Kautschuk hat die Kolonie im Jahre 1894 im Ganzen nur 415,429 englische Pfund im Werte von 247,470 Dollars exportiert, daran beteiligen sich:

Tanga	mit . . .	11,228	engl. Pfd.	=	5,090	Kilogramm
Pangani	- . . .	3,253	- -	=	1,476	-
Bagamoyo	- . . .	32,871	- -	=	14,910	-
Dar-es-Salâm	- . . .	83,440	- -	=	37,848	-
Kilwa	- . . .	155,938	- -	=	70,732	-
Lindi	- . . .	128,699	- -	=	58,377	-

Der ostafrikanische Kautschuk ist nach Semler weniger wertvoll als der Para- und Cerea-Kautschuk, doch immerhin gut bewertet und besser als der westafrikanische.

Der Einführung des Cerea-Kautschuks (Manihot Glaziovii) steht jedoch nichts im Wege, denn Semler sagt darüber:

> „Dieser Baum wächst in trockenem, steinigem Boden, wo sonst nur Gebüsch, und verlangt ein warmes Klima, das verhältnismässig trocken sein darf.

Dieser Baum ist auf dem indischen Festlande wie in Ceylon mit vollem Erfolg angepflanzt worden; er darf wohl für die planmässige Produktion als die Kautschukquelle der Zukunft betrachtet werden.

Den in Ceylon gemachten Erfahrungen zufolge, kommt der Baum bis zu einer Seehöhe von 6000 Fuss fort und zeichnet sich durch genügsame Ansprüche an den Boden, sowie durch leichte Anbequemung an ein ihm fremdes Klima aus."

Im Gelände des ersten Bauabschnitts habe ich Kautschuklianen und gummihaltige Euphorbien überall vorgefunden, ein Beweis, dass das ganze Gebiet für die äusserst lukrative Kautschukproduktion in Plantagen vorzüglich sich eignet, was um so wichtiger ist, da Deutschland jährlich grosse Mengen an Kautschuk vom Auslande beziehen muss.

Bemerkenswert ist endlich die Kopalausfuhr, die 1894/95 im Ganzen 362,912 englische Pfund betrug im Werte von 76,581 Dollars. Daran beteiligen sich:

Tanga	mit . . .	1,798	engl. Pfd.	=	816	Kilogramm
Pangani	- . . .	387	- -	=	175	-
Bagamoyo	- . . .	58,597	- -	=	26,579	-
Dar-es-Salâm	- . . .	127,995	- -	=	58,058	-
Kilwa	- . . .	98.393	- -	=	44,630	-
Lindi	- . . .	75,742	- -	=	34,356	-

Wie bereits oben bemerkt, wird der Kopal durchaus nicht rationell abgebaut, sondern nur vom Neger aus kleinen ca. 50 Centimeter tiefen, ca. 30 Centimeter breiten Gruben in der Nähe der Pfade ausgebuddelt. Der rationelle Abbau im Grossen würde ohne Zweifel eine Quelle grosser Einnahmen werden.

Es ist wohl einleuchtend, dass auch unsere Kolonie mit allen genannten Produkten einen bedeutenden Export erzielen kann. Die Bewirtschaftung muss aber systematisch geschehen, und zwar in grossen Plantagen, die von kapitalkräftigen Gesellschaften zu betreiben sind. Im Rahmen solcher grossen, gesicherten Unternehmungen kann auch die Arbeitskraft des kleinen Mannes Verwendung finden, während derselbe mit seinem geringen Kapital als selbstständiger Kolonist im Plantagenbau vorläufig schwerlich existieren könnte. Ohne das Vorhandensein von Verkehrsmitteln ist aber das Entstehen von Plantagen ausgeschlossen. Das Beispiel von Usambara zeigt, dass eine Eisenbahn wirkt wie ein Magnet. Dort in Usambara drängen sich bereits jetzt die Plantagen-Gesellschaften; im Hondëi- und Bondëi-Gebiet Usambaras allein haben sich Plantagen-Gesellschaften im Werte von 6 bis 7 Millionen Mark gebildet.

Das Usambara-Bergland ist nun räumlich nicht ausgedehnt genug, um weiteren, grösseren Plantagenunternehmungen Spielraum zu gewähren. Die Blicke beginnen sich schon jetzt nach Ukami zu richten.

Wer aber sollte es wagen, dort zu arbeiten, wenn keine genügenden Verkehrsmittel vorhanden sind? Beim Plantagenbau darf nur mit Thatsachen gerechnet werden! Auf die Möglichkeit hin, dass einmal ein leistungsfähiges Verkehrsmittel geschaffen werden wird, entstehen Plantagen nicht. Wohl aber ist anzunehmen, dass angesichts der Thatsache des Beginns eines Bahnbaues der drängende Unternehmungsgeist vorauseilend schaffen wird. Daher ist es erwünscht, ungesäumt mit dem Bau einer Eisenbahn zu beginnen oder wenigstens die baldige Inangriffnahme sicher zu stellen.

Der Bau einer Handelsstrasse auf eine grosse Länge wäre unpraktisch, da es sich herausgestellt hat, dass bei der wuchernden Vegetation und der verheerenden Wirkung des Wassers in der Regenzeit in Deutsch-Ost-Afrika die Wege, wenn sie überhaupt für den Fuhrverkehr dauernd brauchbar sein sollen, mit einer dicken Packlage, aus faustdickem Steinschlag bestehend, bedeckt sein müssen. Bei der grossen für eine Handelsstrasse erforderlichen Breite werden somit die Herstellungskosten, besonders für eine grosse Länge derselben, im Vergleich zur geringen Leistungsfähigkeit des Verkehrsmittels ausserordentlich gross sein, sodass, wenn man noch die bedeutenden Unterhaltungskosten hinzudenkt, es zweckmässiger erscheint, einen leistungsfähigen eisernen Verkehrsweg herzustellen, eine Eisenbahn. Zur Erschliessung der seitlichen Landschaft hingegen von der Hauptverkehrsader aus, wo es sich um nicht zu grosse Entfernungen handelt, sind Wege, Schwebebahnen oder Seilbahnen, Feldbahnen und dergleichen als Zubringer durchaus geeignet, vorausgesetzt, dass sich die zum Wegebau erforderlichen Materialen in der Nähe befinden.

Wenn es nun einerseits feststeht, dass ohne Eisenbahn sich ein Plantagenbau nicht in die Kolonie hineinwagen wird, so ist es andererseits auch klar, dass die Eisenbahnverwaltung nicht in der Lage sein wird, abwarten zu können, bis einmal diesem oder jenem Plantagenunternehmen der Zeitpunkt zur Etablierung gekommen scheint. Gleichzeitig mit dem Eisenbahnbau oder womöglich demselben vorauseilend, müssen Plantagenunternehmungen im grossen Stil ins Leben gerufen werden, sei es nun durch Konsortien oder durch die Eisenbahnverwaltung selbst.

Was nun die Landkonzessionen betrifft, so ist es doch wohl besser, dass Land behufs Kultivierung verschenkt wird, als dass es im Zustande der Wildnis unbenutzt weiter schlummert. Vorteil von der Erschliessung des jetzt unbenutzten Landes hat das Reich indirekt auch durch Mehreinnahmen an Steuern und Zöllen, bezw. die Besitzer, zum grossen Teil die Deutsch-Ost-Afrikanische Gesellschaft, dadurch, dass das von der Bahn durchschnittene Land überhaupt erst einen Wert erhält. Ausserdem ist das Prinzip aller grossen Kultivatoren aller Zeiten gewesen, Arbeitskraft und Gewerbefleiss in das zu kultivierende Land zu ziehen durch Landschenkungen, wie es z. B. der grosse Kurfürst gethan hat.

Die richtige wirtschaftliche Ausbeutung des für den ersten Bauabschnitt in Betracht kommenden Landes müsste nun in der Weise geschehen, dass in Usaramo und dem Kingani-Thale in erster Linie die Kultur der Kokospalme, der Erdnuss, des Kautschuks, sowie der Abbau des Kopals betrieben werden, daneben sonstige Erzeugnisse der Negerkultur. Im Kiserawe-Bergland werden Kaffee-, Thee-, Cacao-, sowie Kautschuk-Plantagen anzulegen sein, sobald die erforderliche kurze Zubringerstrecke dorthin gebaut wird. Längs des Thales des immerfliessenden Gerengeri gedeihen alle Produkte der Negerkultur, u. a. auch Baumwolle und Negertabak. Mit Hülfe künstlicher Bewässerung liesse sich hier viel erreichen in den fruchtbaren Niederungen dieses Thales.

In Ukami bezw. Uluguru käme für den Grossplantagenbetrieb in erster Linie: Kaffee, Thee, Cacao, Tabak und ferner wieder Erdnuss und Kautschukliane in Betracht, sowie für Ost-Ukami die Kokospalme.

Eine regelrechte Forstwirtschaft müsste natürlich besonders im Gebirge mit dem Plantagenbau zugleich vorgenommen werden. Es wäre ein den Holzbestand vermindernder und den Boden entwertender Raubbau, wenn im Gebirge Abholzungen ohne gleichzeitige Anforstungen vorgenommen würden. Der Urwald auf dem Gebirge enthält Nutzhölzer von grosser Härte, wie Kamballo, Mninza, Ebenholz etc. Ebenholz findet sich auch häufig in der Ebene, allerdings meist Krüppelholz. Bei regelrechter Forstwirtschaft wird der Versand der Nutzhölzer per Bahn möglich und für dieselbe von grossem Vorteil sein.

Nach meiner Ansicht ist ferner kein Grund vorhanden, mit der europäischen Kultur erst in der Höhe von 1200 Meter zu beginnen. Die in Höhe von 300 bis 700 Meter gelegenen Missionen liefern ja mit ihrem Gesundheitszustand den besten Beweis.

An Wasserkraft zum Betriebe von Maschinen u. s. w. mangelt es vom Kingani an nicht; dieser hat auch bei Niedrigwasser einen Wasserquerschnitt von 54 Quadratmeter bei einer Stromgeschwindigkeit von 1 Meter und einem Gefälle von ca. 4,5 Meter pro Kilometer in der Nähe der Übergangsstelle. Es steht ferner der rasch fliessende Gerengeri (Glockenfluss, weil nach Ansicht der Neger helltönend) zur Verfügung bis in die Höhe von Kwa Masudi, sowie weiterhin die aus dem Gebirge ihm zufliessenden, zum Teil immer Wasser führenden Bäche. Da der Gerengeri bei Niedrigwasser einen Wasserquerschnitt von nur 3 Quadratmeter hat, müssten hier, zur Erhöhung der Wasserkraft, besondere Anlagen ausgeführt werden. Das schmale tief eingeschnittene Gerengeri-Bett begünstigt solche Arbeiten ausserordentlich.

Die oben genannten für den grossen, rationellen Plantagenbetrieb geeigneten Erzeugnisse und Landesprodukte werden dem Güterverkehr der Bahn zu Gute kommen, ferner die reichen Erzeugnisse der Viehzucht und Jagd, wie Häute, Hörner u. s. w., ausserdem der nachweislich gut bewertete Glimmer aus dem Uluguru-Gebirge — das gute Material ist davon je nach der Grösse der Stücke in Deutschland, nach einem Gutachten der geologischen Landesanstalt in Berlin, pro Kilo 1,50 bis 3 Mark wert —, sowie Graphit, endlich noch alle sonstigen Artikel, welche fortschreitend mit dem Bau zur Hebung der Kultur importiert werden müssen.

In welchem Masse das alles eintreten wird, lässt sich allerdings nicht beweisen, höchstens vermuten. Jeder detaillierte Rentabilitätsbeweis, deren bereits so viele für ostafrikanische Bahnprojekte aufgestellt worden sind, beruht deshalb auch auf mehr oder minder willkürlichen Annahmen.

Was schliesslich den Personenverkehr betrifft, so fallen zunächst die Hauptorte Dar-es-Salâm und Bagamoyo ins Gewicht.

Dar-es-Salâm ist durch seinen vorzüglichen Hafen berufen, den Centralbahnverkehr überseeisch weiter zu leiten, wird daher im wahren Sinne des Wortes die Hauptstadt der Kolonie werden und infolge seines Wachstums ein grosses Kontingent für den Personenverkehr stellen.

Bagamoyo hat zwar keinen Hafen, ist jedoch das Centrum des Handels der Neger und muss daher als meist bevölkerte Stadt unserer Kolonie zur Überleitung dieses Handels und Personenverkehrs mit der Centralbahn verbunden werden.

Dies kann auch ohne grosse Schwierigkeiten geschehen, da das westlich von Dar-es-Salâm Kiserawe-Bergland, der schwierigen Geländeverhältnisse wegen, nördlich umgangen werden muss und zur Heranziehung von Bagamoyo nur eine kurze Abzweigung im ebenen Gelände erforderlich wird.

Als Endpunkt der Bahn im ersten Bauabschnitt ist entschieden Mrogoro, der Sitz des Negerfürsten Kingo mkubwa, gegeben. Mrogoro liegt ca. 3 Kilometer westlich der Mission am Fusse der Berge; es ist jetzt der Hauptort von Ukami und bezeichnet ungefähr den Abschluss dieser Landschaft nach Westen. Wie es sich naturgemäss jetzt als eine Hauptetappe des Karawanenverkehrs herausgebildet hat, welcher dort seine Träger und Vorräte zu ergänzen pflegt, so ist es auch die gegebene erste Etappe für die Eisenbahn, die hier einen grossen Teil der erforderlichen Arbeiter für den Bau beziehen kann; denn Kingo wird das Arbeitervermietungsgeschäft ebenso spekulativ betreiben wie jetzt die Gestellung der Träger. Die von Kingo gestellten Arbeiter werden auch den Vorzug der Zuverlässigkeit haben, da sie in der Furcht ihres Herrschers leben. Ausser diesen Leuten möchte ich übrigens als Arbeiter die gutmütigen Waoukuma- und Wanyamwesi-Leute vorschlagen, die mein Arbeitspersonal während meiner Reise bildeten; dieselben habe ich als anhängliche, bedürfnislose, biedere Menschen schätzen gelernt, die sich durchaus als gelehrig erweisen. Auch die Plantagen-Gesellschaften schliessen neuerdings Verträge auf Arbeiterstellung mit den Häuptlingen dieser Stämme ab. Es ist daher auch für die Eisenbahngesellschaft geboten, rechtzeitig solche Verträge abzuschliessen, denn nur auf diese Weise dürfte es möglich sein, eine Lösung der für den Bau einer Erdbahn in Ost-Afrika so schwierigen Frage der Arbeiterbeschaffung zu finden. Mit einmaliger Beschaffung einer grossen Anzahl von Arbeitern ist die Schwierigkeit auch noch nicht überwunden. Besonders in der ersten Zeit dürften allerdings unter dem bei Erdarbeiten verwendetem Arbeiterpersonal grosse Verluste eintreten durch Sterblichkeit, in Folge von Fiebererkrankungen, die bei Ausführung von Erdarbeiten durch die aus der Erde aufsteigenden Miasmen entstehen. Um solche durch Sterblichkeit und eventuell auch durch Flucht eingetretenen Verluste zu decken, muss für die Möglichkeit der fortwährenden Zuführung frischer Arbeitskräfte gesorgt werden. Die Küstenleute, die sogenannten Wasarams, kann ich nicht empfehlen, weil dieselben, wenn auch intelligenter, so doch auch verlogen, verschmitzt und sehr anspruchsvoll sind. Da die Wasukuma und Wanyamwesi jetzt das Hauptkontingent als Träger stellen, wird deren Arbeitskraft, in demselben Masse als der Bau fortschreitet, für Transportzwecke entbehrlich und daher disponibel für bauliche Zwecke, Plantagenarbeiten u. s. w.

Bezüglich der Arbeitslöhne sind die Neger noch nicht verwöhnt; an der Küste wird für leichtere Arbeit ein Tagelohn von 20 pesa = ca. 36 Pfg. bezahlt. Mehr als 80 Pfg. pro Tag incl. Verpflegung wird jedoch auch bei Erdarbeiten etc. nicht gerechnet zu werden brauchen.

Den Betrieb der Bahn wird der Fracht- und Personenverkehr, welcher sich in Mrogoro entwickelt, sehr zu statten kommen. Neben dieser Hauptstätte der Negerkultur giebt die Mission ein Musterbild für die Entwicklung der europäischen Kultur. Die Missionare werden jedem Plantagen-Unternehmen mit Rat und That zur Seite stehen und dasselbe durch ihre grosse Erfahrung fördernd in richtige Bahnen lenken. Bei der Mission und dem Orte Mrogoro münden zahlreiche aus dem Uluguru-Gebirge kommende Pfade. Der Ausbau derselben zu Wegen wird die Erschliessung des Gebirges wesentlich erleichtern.

Auch für die spätere Weiterführung der Centralbahn bis Mpapua und Tabora ist Mrogoro günstig gelegen. Von hier ist es möglich ohne grosse technische Schwierigkeit entweder über den sogenannten Vianza-Pass oder südlich um den Mintu-Berg herum nach Westen zu gelangen. Die Wahl der besseren Linie wird erst nach weiteren detaillierten Aufnahmen des Geländes erfolgen können, jedenfalls aber ist festgestellt, dass die Fortführung der Bahn von dem gewählten Endpunkte in beiden Richtungen gleich gut möglich ist.

Die Entfernung von Mrogoro bis zur Küste ist gross genug, um dem Karawanenverkehr die Benutzung der Bahn wünschenswert erscheinen zu lassen, besonders dem nunmehr nach Dar-es-Salâm zustrebenden Verkehr, welcher sich mit der Bedeutung dieser Stadt immer mehr heben wird.

Zum Schluss der vorstehend behandelten, für die Centralbahn wesentlichen Fragen füge ich noch hinzu, dass die Bewohner der Landschaften, welche der erste Teil der Centralbahn durchschneidet, einen völlig friedlichen Charakter besitzen und der europäischen Kultur sehr zugänglich sind. Weder die Wasaramo-, noch die Wakami-, noch die Waluguru-Leute werden sich dem Bau einer Bahn feindlich entgegenstellen, sondern im Gegenteil, bald ihren Vorteil in klingender Münze erkennend, eifrig zur Förderung des Baues beitragen. Zerstörungen der Telegraphenleitung oder des Oberbaues u. s. w. sind nicht zu befürchten, da die genannten Volksstämme jede Kazi (Arbeit) des Europäers mit ehrfurchtsvoller Scheu als dana (Zauberei) betrachten. Der Möglichkeit der Zerstörung der Bahn ist überhaupt leicht daduch vorzubeugen, dass man die Häuptlinge streckenweise für die Bewachung der Bahn interessiert.

Möge das vorstehend gegebene Bild der Verhältnisse im ersten Bauabschnitt der Centralbahn, sowie die Darstellung der für dieses Unternehmen wichtigen Gesichtspunkte, dazu dienen, eine sachliche Beurteilung dieser kolonialen Lebensfrage zu fördern.

Zum Schluss erübrigt noch eine Betrachtung der klimatischen Verhältnisse. Eine Prüfung der Todesursachen in den einzelnen Fällen ergiebt, dass durchaus nicht überall Fieber die Ursachen der grösseren Sterblichkeit sind, dass ferner die meisten Opfer in dem europäischen Personal der kaiserlichen Schutztruppe zu suchen sind, welches eben bedeutenden Strapazen und Entbehrungen unterworfen ist bei kriegerischen und sonstigen Expeditionen, welches ferner in den unter der Hand von Offizieren und Unteroffizieren entstandenen, erst allmählich von Technikern um- und ausgebauten Stationen, nicht gerade auf Rosen gebettet ist. Die Militärstationen sind meist, mit Hülfe der aus Lehm hergestellten, lufttrockenen Lehmsteinen gebaut und mit Wellblech eingedeckt; doch wird mit letzterem als einem Luxusartikel gegeizt. Bei Auswahl des Platzes für diese in erster Linie militärischen Zwecken dienenden Stationen war man auch nicht immer in der Lage, die sanitären Rücksichten in den Vordergrund zu stellen.

Ein Blick auf die Sterblichkeitsverhältnisse zeigt ferner, dass, mit Ausnahmen, meist junge Leute zwischen 20 und 25 Jahren dem Klima erlegen sind, während der Manneskörper sich als widerstandsfähiger gezeigt hat. Todesfälle sind ferner Extravaganzen in der Lebensweise zuzuschreiben. Mancher Europäer suchte nämlich irrtümlich seine Belehrung bezüglich der Vorbereitung dazu in den Schriften von Naturheilärzten, die Sonnenbäder, kalte Wassermethoden, völlige Enthaltung des Alkohols und dergleichen mehr empfehlen. Sonnenstich und Fieber sind mehr als einmal die Folgen solcher Extravaganzen gewesen. Es ist z. B. entschieden eine Extravaganz, wenn dem zwei bis drei Jahrzehnt lang an das europäische Klima gewöhnten, menschlichen Körper, der dann plötzlich dem völlig verschiedenen tropischen Klima ausgesetzt ist, nun auch noch eine völlig veränderte Lebensweise zugemutet wird und sogar völlige Entziehung des Alkohols, an den er vorher doch mehr oder weniger gewöhnt war. Ein vernünftiges Weiterleben in der gewohnten Weise dürfte wohl in dieser Beziehung als goldener Mittelweg zu betrachten sein. Die europäischen Frauen, und auch die in ihrem Berufe oft ungesunden Einflüssen ausgesetzten Schwestern der Missionen, haben das Klima recht gut vertragen; ein Todesfall ist mir nicht bekannt. Also auch in dieser Hinsicht kann der Kolonie etwas mehr Vertrauen entgegengebracht werden.

Berlin, den 23. Mai 1896.

Schlobach
Lieutenant.

Anlage K.

Kosten-Berechnung.

A. Hauptlinie Dar-es-Salâm — Mpiyi — Mrogoro.
B. Zweiglinie Mpiyi — Bagamoyo.

Lfd. No.	Vordersatz	Bezeichnung	Geldbeträge im Einzelnen Mark	Pf.	Geldbeträge im Ganzen Mark	Pf.
		A. Hauptlinie Dar-es-Salâm—Mpiyi—Mrogoro.				
		I. Grunderwerb.				
1	—	Für den Bahnhof Dar-es-Salâm 1000 Meter lang, 100 Meter breit = 100,000 Quadratmeter.				
	—	Für die Magazine und Überladevorrichtungen an der Südseite des Hafens 1000 Meter lang, 50 Meter breit = 50,000 Quadratmeter.				
	15	Hektare Bahnhofs- und Hafengelände in Dar-es-Salâm von dem Gouvernement anzukaufen zu je 200 M.	3000	—		
2	—	Für 258 Kilometer Bahnstrecke die für den Bahnkörper und Bahnhöfe erforderlichen Landflächen in der Breite von durchschnittlich 10 Meter also im Ganzen 258,000 × 10 = 2,580,000 Quadratmeter = 258 Hektar.				
	258	Hektare anzukaufen zum Preise von je 20 M. .	5160	—		
3	—	Für die Anlagen von Kreuzungsstellen, Bahnhöfen, Beamten- und Arbeiter-Dienstland u. s. w. Zuschlag auf je 10 Kilometer = 1 Hektar, also für 258 Kilometer = 25,8 Hektar, dafür abgerundet				
	30	Hektare Landflächen anzukaufen, durchschnittlich zu je 50 M.	1500	—		
4	—	Entschädigung für das Beseitigen der auf den vorbezeichneten Flächen stehenden frucht-				
		Zu übertragen . .	9660	—	—	-

Lfd. No.	Vorder-satz	Bezeichnung	Geldbeträge im Einzelnen Mark	Pf.	im Ganzen Mark	Pf.
		Übertrag . .	9660	—	—	—
		tragenden Bäume, Häuser u. s. w., überhaupt Nutzungsentschädigungen aller Art und für unvorhergesehene Fälle zum Nachweise . .	38740	—		
5	—	Für Vermessung und Grenzbezeichnung der angekauften Landflächen bezw. des für die Centralbahn erworbenen Eigentums				
	258	Kilometer zu je 200 M.	51600	—		
		I. Grunderwerb . .	—	—	100000	—
		II. Erd- und Böschungs-Arbeiten.				
		15 + 258 + 30 = 303 Hektaren.				
1	303	Hektaren zur Bahnanlage von aufstehenden Gestrüpp, Dornhecken u. s. w. zu säubern, darauf befindliche Bäume zu roden zu je 400 M. .	121200	—		
2	40937	Raummeter Sandboden zu lösen und mit einmaligem Wurfe in den Bahnkörper einzubauen, oder in die Karren zu laden zu je 30 Pf. .	12281	10		
3	204768	Raummeter auf den Strecken, auf denen anderweite Abträge oder Aufträge nicht zu bewirken sind, aus den Seitengräben zu gewinnen und in den Bahnkörper einzubauen zu je 50 Pf. .	102384	—		
4	21567	Raummeter schweren Stichboden in den Seitengräben zu gewinnen und in den Bahnkörper einzubauen oder aus Abträgen zu lösen und mit einem Wurfe auszusetzen zu je 50 Pf. .	10783	50		
5	185814	Raummeter schweren Lehmboden in den Abträgen zu lösen und in die Karren bezw. Förderwagen einzuladen zu je 80 Pf. . . .	148651	20		
6	92907	Raummeter Trümmergestein in den Abträgen zu lösen und in die Karren bezw. Förderwagen zu laden zu je 150 Pf.	139360	50		
7	184394	Raummeter Lehmboden auf 25 Meter Entfernung fortzubewegen und in den Bahnkörper zu bringen zu je 20 Pf.	36878	80		
8	17987	Raummeter Lehmboden oder Trümmergestein auf 50 Meter Entfernung fortzuschaffen und in den Bahnkörper einzubauen zu je 30 Pf. .	5396	10		
9	5000	Raummeter wie vor auf 75 Meter Entfernung zu bewegen etc. zu je 40 Pf.	2000	—		
		Zu übertragen . .	578935	20	100000	—

Lfd. No.	Vorder-satz	Bezeichnung	Geldbeträge im Einzelnen Mark	Pf.	im Ganzen Mark
		Übertrag . .	578935	20	100000
10	7975	Raummeter wie vor auf 100 Meter Entfernung zu bewegen etc. zu je 50 Pf.	3987	50	
11	9617	Raummeter wie vor auf 125 Meter Entfernung zu bewegen etc. zu je 50 Pf.	4808	50	
12	11322	Raummeter wie vor auf 150 Meter Entfernung zu bewegen etc. zu je 55 Pf.	6227	10	
13	5999	Raummeter wie vor auf 175 Meter Entfernung zu bewegen etc. zu je 60 Pf.	3599	40	
14	12627	Raummeter wie vor auf 200 Meter Entfernung zu bewegen etc. zu je 65 Pf.	8207	55	
15	19599	Raummeter Lehmboden auf 250 Meter Entfernung zu bewegen etc. zu je 70 Pf.	13719	30	
16	32120	Raummeter Lehmboden auf 300 Meter Entfernung zu bewegen etc. zu je 75 Pf.	24090	—	
17	9333	Raummeter Lehmboden auf 400 Meter Entfernung zu bewegen etc. zu je 80 Pf.	7466	40	
18	1927	Raummeter Lehmboden auf 500 Meter Entfernung zu bewegen etc. zu je 85 Pf.	1637	95	
	—	Für Beschaffung und Unterhaltung von Geräten zum Lösen und Werfen bezw. Einladen von			
19	40937	Raummeter Sandboden zu je 3 Pf.	1228	11	
20	226334	„ Lehmboden zu je 10 Pf.	22633	40	
21	185814	„ schwerer Lehmboden zu je 12 Pf. .	22297	68	
22	92907	„ Trümmergestein zu je 20 Pf. . . .	18581	40	
	—	Für Beschaffung und Unterhaltung von Geräten zur Fortbewegung von			
23	184394	Raummeter (vergl. bei No. 7) auf 25 Meter Entfernung zu je 2 Pf.	3687	88	
24	17987	Raummeter (vergl. bei No. 8) auf 50 Meter Entfernuug zu je 4 Pf.	719	48	
25	5000	Raummeter (vergl. bei No. 9) auf 75 Meter Entfernung zu je 5 Pf.	250	—	
26	7975	Raummeter (vergl. bei No. 10) auf 100 Meter Entfernung zu je 6 Pf.	478	50	
27	9617	Raummeter (vergl. bei No. 11) auf 125 Meter Entfernung zu je 7 Pf.	673	19	
28	11322	Raummeter (vergl. bei No. 12) auf 150 Meter Entfernung zu je 8 Pf.	905	76	
		Zu übertragen . .	724134	30	100000

Lfd. No.	Vorder-satz	Bezeichnung	Geldbeträge im Einzelnen Mark	Pf.	im Ganzen Mark	Pf.
		Übertrag . .	724134	30	100000	—
29	5999	Raummeter (vergl. bei No. 13) auf 175 Meter Entfernung zu je 9 Pf.	539	91		
30	12627	Raummeter (vergl. bei No. 14) auf 200 Meter Entfernung zu je 10 Pf.	1262	70		
31	19599	Raummeter (vergl. bei No. 15) auf 250 Meter Entfernung zu je 11 Pf.	2155	89		
32	32120	Raummeter (vergl. bei No. 16) auf 300 Meter Entfernung zu je 12 Pf.	3854	40		
33	9333	Raummeter (vergl. bei No. 17) auf 400 Meter Entfernung zu je 13 Pf.	1213	29		
34	1927	Raummeter (vergl. bei No. 18) auf 500 Meter Entfernung zu je 14 Pf.	269	78		
35	—	Für das Heranziehen von eingeborenen Arbeitern aus dem Innern von Deutsch-Ost-Afrika zum Nachweise	50000	—		
36	—	Für die Einrichtung und Unterhaltung von Lazareten, Beschaffung von Heilmitteln, Verbandzeug, ärztliche Instrumente u. s. w. . .	220000	—		
37	—	Für den Bahnarzt, Lazaret-Gehülfen u. s. w. .	75000	—		
38	—	Entschädigungen von Arbeitern und Aufsehern für die bei den Erdarbeiten erlittenen Unfälle, Verstümmelungen etc.	45000	—		
39	258	Kilometer den Bahnkörper in vorgeschriebener Form und Breite auszugleichen, die Böschungen mit gehöriger Neigung zu versehen, die dem Angriffe des Wassers ausgesetzten Böschungen mit Steinpflaster zu bekleiden, erforderlichen Falles durch Stützmauern zu sichern, für jedes Kilometer zum Nachweise zu je 800 M.	228000	—		
40	—	Insgemein, als z. B. für das Heranziehen der Bauaufseher u. s. w., überhaupt auch für unvorhergesehene Fälle zum Nachweise . . .	48569	83		
		II. Erd- und Böschungs-Arbeiten . .	—	—	1 400000	—
		Bemerkung: Die vorstehend angesetzten Bodenmassen sind nach genauer Zusammenstellung aus den auf dem Längenprofile bezw. Höhenplane graphisch ermittelten Aufträgen und Abträgen berechnet mit einem Zuschlage von 83 v. H.				
		Zu übertragen . .	—	—	1 500000	—

Lfd. No.	Vorder-satz	Bezeichnung	Geldbeträge im Einzelnen Mark	Pf.	im Ganzen Mark
		Übertrag . .	—	—	1 500000
		III. Einfriedigungen, ausschliesslich derjenigen der Bahnhöfe und Haltestellen.			
		Einfriedigungen werden auf der freien Strecke nicht ausgeführt.			
		IV. Wege-Übergänge. Unter- und Überführungen von Wegen und Eisenbahnen.			
		Wege-Übergänge bezw. Unterführung sind nur in Dar-es-Salâm und in nächster Nähe dieser Stadt, sowie für die Makinon-Strasse herzustellen.			
1	1	Unterführung des Weges von Dar-es-Salâm zum Hafen bezw. zu den Kalköfen mit gemauerten Widerlagern und eisernem Überbau über 5 Meter lichte Weite	10000	—	
2	1	Wege-Übergang zur Überführung der Makinon-Strasse in gleicher Ebene mit dem Bahngeleise	600	—	
3	—	Für unvorhergesehene Fälle	4400	—	
		IV. Wege-Übergänge . .	—	—	15000
		V. Durchlässe und Brücken.			
		An allen Stellen, wo die Bahnlinie grössere Flussläufe kreuzt, sind die Brückenbaustellen genau aufgemessen und darnach die Durchflussweiten bestimmt worden. Auch für die Bäche sind die Masse der Thäler ermittelt und dadurch die zur Feststellung der Unterlagen für die zu errichtenden Bauwerke gewonnen. Wo die Bahnlinie kleine Rinnsale schneidet, sollen zum Abführen des Regenwassers Röhren-Durchlässe vorgesehen werden. Aus dem vorhandenen Höhenplane für die 258 Kilometer lange Strecke des 1. Bauabschnittes ergiebt sich, dass herzustellen sind:			
1	90	Durchlässe von je etwa 1 Meter l. Weite zu je 400 Mark	36000	—	
		Zu übertragen . .	36000	—	1 515000

Lfd. No.	Vordersatz	Bezeichnung	Geldbeträge im Einzelnen Mark	Pf.	Geldbeträge im Ganzen Mark	Pf.
		Übertrag . .	36000	—	1 515000	—
2	745	Lfd. Meter Brücke in Spannweiten von 5 Meter zu je 100 Mark	74500	—		
3	980	Lfd. Meter Brücke in Spannweiten von 10 Meter zu je 200 Mark	196000	—		
4	30	Lfd. Meter Brücke über den Gerengeri in einer Weite	100000	—		
5	35	Lfd. Meter Brücke über den Kingani in einer Weite	120000	—		
6	—	Für Beschaffung von Windegeräten, Rammen u. s. w.	33500	—		
7	—	Für unvorhergesehene Fälle zum Nachweise .	40000	—		
		V. Durchlässe und Brücken . .	—	—	600000	—
		VI. Tunnel.				
		Auf der Strecke Dar-es-Salâm bis Mrogoro wird kein Tunnel ausgeführt.				
		VII. Oberbau mit allen Nebensträngen und Ausweichungen.				
		Auf dem mit seitlicher Abwässerung versehenen Bahnkörper wird eine etwa 10 Centimeter starke Packlage von grobem Steinschlag hergestellt, darüber werden die Schwellen so verteilt, dass die nächste Schwelle vom Schienenstosse 0,26 Meter entfernt ist, die folgende 67 Centimeter von der Stossschwelle, die übrigen in Abständen von 90 Centimeter von einander entfernt. In gradlinigen Strecken werden unter jeder 10 Meter langen Schiene 12 Schwellen gelegt. Auf den Stossschwellen und auf einer Mittelschwelle werden je 2 Unterlagsplatten unter den Schienenfuss gelegt; in Krümmungen wird die Zahl der Unterlagsplatten vermehrt, je nachdem der Krümmungshalbmesser kleiner ist. Für jede Schiene werden 24 Stück Schienennägel zur Befestigung benutzt.				
		Die inneren und äusseren Laschen sind zur Verstärkung des Stosses als Winkellaschen gestaltet und werden zu jeder Seite des Stosses mit je 2 Laschenschrauben befestigt. Sollten				
		Zu übertragen . .	—	—	2 115000	—

Lfd. No.	Vorder-satz	Bezeichnung	Geldbeträge im Einzelnen Mark	Pf.	im Ganzen Mark	Pf.
		Übertrag . .	—	—	2 115000	—
		Mangrove-Schwellen nicht in genügender Anzahl beschafft werden können in der gewährten Bauzeit, so werden dafür eiserne Querschwellen zur Anwendung kommen, 200 Millimeter breit, 60 Millimeter hoch und 1,3 Meter lang, deren Enden im warmen Zustande auf 75 Millimeter Tiefe durch Niederbiegen geschlossen sind; das Gewicht einer solchen Schwelle ist annähernd = 18,5 Kilogramm. Entsprechend der zur Verwendung gelangenden Zahl eiserner Schwellen muss statt der Schienennägel das erforderliche Kleineisenzeug beschafft werden. Die zur Verwendung kommende Schiene hat 80 Millimeter breiten Fuss, 42 Millimeter breiten Kopf, 11 Millimeter starken Steg und ist 91 Millimeter hoch, von Flussstahl gewalzt. Das Gewicht des laufenden Meters ist = 17,63 Kilogramm.				
		Herzustellen sind ausser dem Hauptgeleise von 258 Kilometer noch die Nebengeleise auf den 16 Bahnhöfen und Haltestellen mit je 1000 Meter und 2 Kilometer Verbindungsgeleise des Bahnhofes Dar-es-Salâm mit dem Hafen, also im Ganzen 276 Kilometer Geleise.				
		Erforderlich sind für je 10,00 Meter Geleise:				
	2	Schienen zu je 10 Meter lang, je 17,63 Kilogr. schwer = 352,6 Kilogr.				
	2	Innere Laschen, 548 Millimeter lang, je 4,08 Kilogr. schwer = 9,16 „				
	2	Äussere Laschen, 484 Millimeter lang, je 4,625 Kilogr. schwer = 9,25 „				
	4	Laschenbolzen, 19 Millimeter Durchmesser, je 0,313 Kilogr. schwer . . . . = 1,25 „				
	48	Doppelkopfnägel, 137 Millimeter lang, über 14 Millimeter dick, je 0,19 Kilogramm schwer . = 9,12 „				
	6	Unterlagsplatten, je 1,83 Kilogr. schwer . . . . = 10,98 „				
		zusammen . . 39,76 Kilogr.				
		oder rund 40 Kilogr. Zu übertragen . .	—	—	2 115000	—

Lfd. No.	Vordersatz	Bezeichnung	Geldbeträge im Einzelnen Mark	Pf.	im Ganzen Mark	Pf.
		Übertrag . .	—	—	2 115000	—
		Demnach sind erforderlich für 276 Kilometer 276 × 35,26 =				
1	9731,76	Tonnen Flussstahlschienen, einschliesslich Fracht und Entladen, je 140 M.	1 362446	40		
		276 × 4				
2	1104	Tonnen Kleineisenzeug, einschliesslich Fracht und Entladen, je 200 M.	220800	—		
		$\frac{276}{2}$ × (1200 + 30) = 169 740 oder rund				
3	170000	Stück Mangrove-Schwellen, etwa 1,5 Meter lang, 17—20 Centimeter breit, 13—15 Centimeter hoch je 1 M	170000	—		
4	170000	Stück eiserne Querschwellen, etwa 1,3 Meter lang, 20 Centimeter breit, 6 Centimeter hoch je 3 M.	510000	—		
		276 × 0,5. 1000 =				
5	138000	Raummeter Steinschlag, die Steine zu gewinnen, zu zerschlagen, auf Eisenbahnwagen zu laden, auf dem Geleise anzufahren und einzubauen zu je 8 M.	1 104000	—		
		16 × 3 = 48. Dafür:				
6	60	Weichen mit allem Zubehör zu beschaffen, zur Baustelle zu bringen und einzubauen zu je 400 M.	24000	—		
7	276	Kilometer Haupt- und Nebengeleise, die Schienen, Schwellen und Kleineisenzeug vom Lagerplatz zur Baustelle zu bringen, zu verlegen, zu stopfen und zu richten, einschliesslich aller Nebenarbeiten zu je 1200 M.	331200	—		
8	—	Zur Unterhaltung der Geleise während der Bauzeit, zur Beschaffung der erforderlichen Geräte und für unvorhergesehene Fälle . . .	177553	60		
		VII. Oberbau . .	—	—	3 900000	
		Zu übertragen . .	—	—	6 015000	—

Lfd. No.	Vordersatz	Bezeichnung	Geldbeträge im Einzelnen Mark	Pf.	im Ganzen Mark	
		Übertrag . .	—	—	6 015000	
		VIII. Signale nebst dazu gehörigen Buden und Wärterwohnungen.				
1	258	Kilometer Telegraphenleitung herzustellen, einschliesslich der Beschaffung des Drahtes, der Isolatoren, Stangen, Apparate u. dergl., sowie für Einführung der Leitung in die zur Aufnahme der Apparate herzustellenden Buden etc. je 500 M.	129000	—		
2	—	Zur Beschaffung und Aufstellung von Wärterbuden für die vorläufige, sowie für die dauernde Unterbringung der Telegraphen-Apparate, Batterien u. s. w. und für den Aufenthalt der Wärter im Ganzen	20000	—		
3	—	Insgemein für aufzustellende sichtbare Zeichen und für unvorhergesehene Fälle	6000	—		
		VIII. Signale . .	—	—	155000	
		IX. Bahnhöfe nebst allem Zubehör an Gebäuden u. dergl.				
		Da grössere Ortschaften von dem Zuge der Bahnlinie nicht berührt werden, so sind nur der Ausgangspunkt, Dar-es-Salâm, und der gewählte Endpunkt, Mrogoro, als Stationen mit erweiterten Bahnhofsanlagen gegeben. Ausserdem weist die Örtlichkeit und auch das Erfordernis des künftigen Betriebes auf die Herstellung eines grösseren Bahnhofes am Kinganiflusse, also etwa bei Kilometer 130, fast in der Mitte des 258 Kilometer langen ersten Bauabschnittes hin. Im Übrigen wird es sich empfehlen, Bahnhöfe und Kreuzungsstellen an denjenigen Orten einzurichten, wo vorhandene Flussläufe oder sonstige Umstände die Errichtung von Wasserstationen zweckmässig erscheinen lassen. Nach				
		Zu übertragen . .	—	—	6 170000	

Lfd. No.	Vordersatz	Bezeichnung	Geldbeträge im Einzelnen Mark	Pf.	im Ganzen Mark	Pf.
		Übertrag . .	—	—	6 170000	—
		den Eintragungen in den Lageplan und in das Längenprofil sind Wasserstationen vorgesehen:				
	1	Bei Kilometer 0 in Dar-es-Salâm,				
	1	„ „ 18 am Mbesi,				
	1	„ „ 39 „ Kirunguli-Teiche,				
	1	„ „ 47 „ Mpiyi,				
	1	„ „ 59,5 „ Muelundu,				
	1	„ „ 78 „ Yanhobe,				
	1	„ „ 100 „ Mlasi-Teiche (Bhf. Banda),				
	1	„ „ 118,5 „ Kitomondo,				
	1	„ „ 130,75 „ Kinganiflusse,				
	1	„ „ 151,5 „ Msingwi,				
	1	„ „ 167 „ Gerengeri bei Kidate,				
	1	„ „ 190,5 „ Makoni,				
	1	„ „ 210 an einem Arm des Kiwaga,				
	1	„ „ 232 am Mgugo,				
	1	„ „ 246,5 „ Nendalla,				
	1	„ „ 257,5 „ Mrogoro.				
	16	Wasserstationen im durchschnittlichen Abstande von $\frac{258}{15}$ = 17 Kilometer.				
1	16	Bahnhöfe und Haltestellen mit Bahnsteig, Dienst- Abfertigungs- und Warteräumen zu versehen, Laderampen herzustellen, Brunnen und Wasserstationen einzurichten, überhaupt betriebsfähig auszurüsten, durchschnittlich zu je 55 000 M.	880000	—		
2	—	Dazu für die auf den Bahnhöfen Dar-es-Salâm, Kingani und Mrogoro, also für 3 Bahnhöfe				
	3	zu errichtenden Beamten-Wohnungen, Lokomotiv- und Kohlen-Schuppen, und etwa sonst erforderliche Anlagen je 60 000 M.	180000	—		
3	—	Zur Herstellung der am Sitze der Betriebs-Verwaltung in Dar-es-Salâm zu errichtenden besonderen Gebäude für die Geschäftsräume und für die Beamten	150000	—		
4	—	Für unvorhergesehene besondere Anlagen . .	60000	—		
		IX. Bahnhöfe . .	1 270000	—	1 270000	—
		Zu übertragen . .	—	—	7 440000	—

Lfd. No.	Vorder-satz	Bezeichnung	Geldbeträge im Einzelnen Mark	Pf.	im Ganzen Mark
		Übertrag . .	—	—	7 440000
		X. Werkstatt-Anlagen.			
		Für die Unterhaltung der Fahrbetriebsmittel der im ersten Bauabschnitte der Centralbahn auszuführenden 258 Kilometer wird die Hauptwerkstatt naturgemäss in Dar-es-Salâm auszuführen sein. Diese Werkstatt ist mit allen erforderlichen Werkzeug-Maschinen auszustatten, um die Lokomotiven und Wagen dauernd im betriebssichern Zustande zu erhalten. Zum Betriebe der Werkzeug-Maschinen ist eine Dampfmaschine zu beschaffen, aufzustellen und in Gang zu setzen.			
		Auf den Bahnhöfen Kingani und Mrogoro werden nur die Einrichtungen hergestellt zur Ausführung kleiner Ausbesserungen an den Fahrbetriebsmitteln.			
1	—	Für die Ausführung der Hauptwerkstatt und die Beschaffung und Aufstellung, sowie für das Ingangbringen der Dampfmaschine und Werkzeugmaschinen einschl. der Geräte	300000	—	
2	—	Für 2 kleinere Werkstätten in Kingani u. Mrogoro			
	2	nebst Ausstattung mit Geräten, zu je 30000 M.	60000	—	
3	—	Für unvorhergesehene Fälle	15000	—	
		X. Werkstatt-Anlagen . .	—	—	375000
		XI. Ausserordentliche Anlagen.			
1	—	Als ausserordentliche Anlagen werden voraussichtlich einige Befestigungsarbeiten für das am Hafen in Dar-es-Salâm zu streckende Verbindungsgeleis (vergl. bei VII), sowie für die etwa erforderliche Dampfpinasse nebst einigen Leichterschuten behufs Beförderung der ankommenden Schienen, Schwellen und sonstigen Baugüter vom Ozeandampfer an den Überladepier u. dergl. m.	150000	—	
2	—	Für alle etwa notwendig werdenden vorübergehend zu errichtenden Baulichkeiten und sonstigen Einrichtungen	200000	—	
		XI. Ausserordentliche Anlagen . .	—	—	350000
		Zu übertragen . .	—	—	8 165000

Lfd. No.	Vordersatz	Bezeichnung	Geldbeträge im Einzelnen Mark	Pf.	im Ganzen Mark	Pf.
		Übertrag . .	—	—	8 165000	—
		XII. Fahrbetriebsmittel.				
		Aus dem Erläuterungsberichte ist ersichtlich, dass in den ersten Betriebsjahren voraussichtlich nur ein geringer Verkehr auf den im ersten Bauabschnitte auszuführenden 258 Kilometer zu bewältigen sein wird. Wahrscheinlich wird zunächst nur je ein Zug täglich in jeder Richtung abgefertigt. Vorausgesetzt, dass die Züge mit etwa 20 Kilometer in der Stunde befördert werden, so würden zu solchem Fahrdienste 4 Lokomotiven genügen. Nimmt man ferner an, dass für den Bahnhofsdienst, für Verschieben, Bereitschaft, für Hülfs- und Bauzüge ausser den im regelmässigen Betriebsdienste befindlichen 4 noch 5 Lokomotiven sogleich beschafft werden, so kann dieser erste Bauabschnitt gewiss als mit Betriebskraft gut ausgestattet gelten; es liessen sich damit sogar je 2 Züge täglich über die ganze Strecke in jeder Richtung befördern. Äussersten Falles würde jeder Wagenpark mit je 2 Personenwagen und 10 Güterwagen mehr als genügend ausgestattet sein. Für 4 Zugparks würden also 8 Personenwagen und 40 Güterwagen genügen. Es darf daher angenommen werden, dass allen ausserordentlichen Anforderungen des Verkehrs entsprochen werden kann, wenn im Ganzen 16 Personen- und 80 Güterwagen beschafft werden.				
		Demnach sind zu veranschlagen:				
1	9	Tenderlokomotiven zu je 20000 M.	180000	—		
2	2	Wasserwagen „ „ 4000 „	8000	—		
3	16	Personenwagen „ „ 5000 „	80000	—		
4	80	Güterwagen „ „ 1500 „	120000	—		
5	—	Vorratsstücke aller Art zum besonderen Nachweise	12000	—		
		XII. Fahrbetriebsmittel . .	—	—	400000	—
		Zu übertragen . .	—	—	8 565000	—

Lfd. No.	Vorder-satz	Bezeichnung	Geldbeträge im Einzelnen Mark	Pf.	im Ganzen Mark	Pf.
		Übertrag . .	—	—	8 565000	—
		XIII. Verwaltungskosten.				
1	258	Kilometer Vorarbeiten für die Strecke von Dar-es-Salâm bis Mrogoro zu fertigen, einschliesslich Beschaffung der Messgeräte aller Art und Unterhaltung derselben, Zeichenpapier u. dergl. zu je 620 M.	160000	—		
2	—	Verwaltungskosten für die Zeit von 3 Jahren und je $^1/_2$ Jahr zur Vorbereitung und zur Abwickelung der Baurechnung, also zusammen 4 Jahre	600000	—		
		XIII. Verwaltungskosten . .	—	—	760000	—
		XIV. Insgemein.				
1	—	Für unvorhergesehene Fälle und Ausgaben aller Art zum besonderen Nachweise	168400	—		
		XIV. Insgemein . .	—	—	168400	—
		XV. Etwaige Ausfälle beim Betriebe auf Kosten des Baufonds.				
		Da die 130 Kilometer lange Strecke von Dar-es-Salâm bis zum Kingani im Laufe des zweiten Baujahres jedenfalls in völlig betriebsichern Zustand hergestellt sein wird, könnte es für die Beförderung des Verkehrs von erheblichem Nutzen sein, wenn diese Strecke etwa 1 Jahr vor der Vollendung des letzten Teiles des ersten Bauabschnittes dem öffentlichen Verkehr übergeben wird. Für die dabei etwa entstehenden Mehrausgaben, welche durch die aus diesem Betriebe erzielten Einnahmen nicht gedeckt werden, sind hier anzusetzen . . .	100000	—		
		XV. Etwaige Ausfälle . .	—	—	100000	—
		Zu übertragen . .	—	—	9 593400	—

Lfd. No.	Vorder-satz	Bezeichnung	Geldbeträge im Einzelnen Mark	Pf.	Geldbeträge im Ganzen Mark	Pf.
		Übertrag . .	—	—	9 593400	—
		XVI. Zinsen während der Bauzeit.				
		Auf die Bauausführung der 258 Kilometer langen Strecke des ersten Bauabschnittes dürften einschliesslich der Vorbereitung und der Abrechnung im Ganzen 4 Jahre verwendet werden. Die Teilzahlungen sollen mit je $^1/_8$ halbjährlich eingefordert und mit 4 v. H. verzinst werden.				
		Die ganze Bausumme beträgt 10 750 000 M. Die Bauzinsen sind:				
1	1 342500	Mark sind 4 Jahre lang mit 4 v. H. zu zahlen mit	214800	—		
2	1 342500	„ „ $3^1/_2$ „ „ „ 4 „ „ „ „ „	187950	—		
3	1 342500	„ „ 3 „ „ „ 4 „ „ „ „ „	161100	—		
4	1 342500	„ „ $2^1/_2$ „ „ „ 4 „ „ „ „ „	134250	—		
5	1 342500	„ „ 2 „ „ „ 4 „ „ „ „ „	107400	—		
6	1 342500	„ „ $1^1/_2$ „ „ „ 4 „ „ „ „ „	80550	—		
7	1 342500	„ „ 1 „ „ „ 4 „ „ „ „ „	53700	—		
8	1 342500	„ „ $^1/_2$ „ „ „ 4 „ „ „ „ „	26850	—		
	10 750000	Mark XVI. Bauzinsen . .	—	—	966600	—
		XVII. Kursverluste.				
1	—	Für die unvermeidlichen Kursverluste zum Nachweise	40000	—		
		XVII. Kursverluste . .	—	—	40000	—
		XVIII. Erste Ausstattung des Betriebs- und des Reservefonds.				
1	—	Aus den Baugeldern wird der Betriebs- und Reservefonds zum ersten Male ausgestattet mit im Ganzen	150000	—		
		XVIII. Erste Ausstattung des Betriebsfonds	—	—	150000	—
		Im Ganzen . .	—	—	10 750000	—

Lfd. No.	Vorder-satz	Bezeichnung	Geldbeträge im Einzelnen Mark	Pf.	im Ganzen Mark
		Zusammenstellung der bei den einzelnen Titeln veranschlagten Baukosten.			
I.	—	Grunderwerb	—	—	100000
II.	—	Erd- und Böschungsarbeiten	—	—	1 400000
III.	—	Einfriedigungen	—	—	—
IV.	—	Wegeübergänge	—	—	15000
V.	—	Durchlässe und Brücken	—	—	600000
VI.	—	Tunnel	—	—	—
VII.	—	Oberbau	—	—	3 900000
VIII.	—	Signale	—	—	155000
IX.	—	Bahnhöfe	—	—	1 270000
X.	—	Werkstatt-Anlagen	—	—	375000
XI.	—	Ausserordentliche Anlagen	—	—	350000
XII.	—	Fahrbetriebsmittel	—	—	400000
XIII.	—	Verwaltungskosten	—	—	760000
XIV.	—	Insgemein	—	—	168400
XV.	—	Etwaige Ausfälle beim Betrieb auf Kosten des Baufonds	—	—	100000
XVI.	—	Zinsen während der Bauzeit	—	—	966600
XVII.	—	Kursverluste	—	—	40000
XVIII.	—	Erste Einlage in den Betriebs- und Reservefonds	—	—	150000
		A. Hauptlinie Dar-es-Salâm—Mrogoro . . d. i. für 1 Kilometer im Durchschnitte = 41 167 M.	—	—	10 750000
		B. Zweiglinie von Mpiyi nach Bagamoyo.			
		Die Länge diesser Zweiglinie beträgt 33,25 Kilometer. Sie durchzieht ganz ebenes Gelände, erfordert daher zur Herstellung des Bahnkörpers nur geringe Erdarbeiten. Die Linie kreuzt kein Flussthal, daher sind nur sehr wenige Durchlässe auszuführen.			
		Zu übertragen . .	—	—	10 750000

Lfd. No.	Vordersatz	Bezeichnung	Geldbeträge im Einzelnen Mark	Pf.	im Ganzen Mark	Pf.
		Übertrag . .	—	—	10 750000	—
		Werkstatt-Anlagen sind nicht herzustellen. Die dafür anzuschaffenden Fahrbetriebsmittel gestatten auf der kurzen Zweigbahn eine sehr günstige Ausnutzung, brauchen also in verhältnismässig nur geringer Zahl beschafft zu werden. Die Bauausführung wird in etwa 6 Monaten bewirkt, daher stellen sich auch die Verwaltungskosten niedrig. Die Baukosten dieser Zweigbahn berechnen sich daher für das Kilometer im Durchschnitte auf 33000 M. und im Ganzen auf 33,25 × 33,000 = 1 097 250 M. abgerundet	1 100000	—		
		B. Zweiglinie Mpiyi nach Bagamoyo . .	—	—	1 100000	—
		Zusammenstellung.				
A.	258	Kilometer Hauptlinie Dar-es-Salâm — Mpiyi — Mrogoro	10 750000	—		
B.	33,25	Kilometer Zweiglinie von Mpiyi nach Bagamoyo	1 100000	—		
	291,25	Kilometer Im Ganzen . .	—	—	11 850000	—

Berlin, am 6. Juni 1896.

Bormann
Geh. Ober-Regierungs-Rat z. D.

Anlage L.

Spezial-Bericht zum Kostenüberschlag des Bauabschnitts Dar-es-Salâm—Ukami, auf Grund der vom Lieutenant Schlobach in Deutsch-Ost-Afrika gesammelten Erfahrungen.

Auf Wunsch des Centralbahn-Comites und mit Genehmigung des Gouverneurs Herrn v. Wissmann wurde der Unterzeichnete mit der Ausrüstung und Ausführung einer grösseren Expedition betraut, zum Zweck der technischen Aufklärung des für die Centralbahntrace in Betracht kommenden Geländes.

Die Resultate meiner auf Untersuchung der ersten Baustrecke von der Küste bis Ukami beschränkten Reise sind in den zu den Akten gegebenen detaillierten Nachweisen (Anlagen 1 bis 5) enthalten und bestehen aus:

1. Routenaufnahmen. Dieselben wurden von mir ausgeführt und zu Papier gebracht im Massstabe 1:75 000 (1 Millimeter = 75 Meter).

Als Kontrolle für die Aufnahmen wurden vielfache magnetische Peilungen benutzt, wozu sich besonders die in Ukami weit sichtbare Spitze des Lubanga-Berges eignete. Die Stimmigkeit dieser Peilungen, sowie der bis Kwa Masudi am Gerengeri rückwärts ausgeführten Schleife, lieferten den Beweis für die Richtigkeit der Aufnahmen, die auch von Herrn Dr. Kiepert anerkannt ist.

Der Schleifmarsch führte meist am Gerengeri entlang, um den Verlauf des Bogens zu konstatieren, den dieser Fluss von Kwa Masudi an über Norden und Westen nach Süden beschreibt, und um zu ermitteln, welcher Umweg entsteht, wenn die Trace behufs Umgehung grosser Erdarbeiten bei der Janke-Janke-Terrasse, dem Bogen des Flusses folgen würde. Bisher war der Verlauf des oberen Gerengeri auf den vorhandenen Routenkarten nicht verzeichnet.

Zur Ermittelung der Höhen las ich das Aneroidbarometer auf hohen und tiefen Punkten ab, sowie bei allen Wasserläufen.

Während der Routenaufnahmen wurden von mir Notizen gemacht über Vorhandensein von Baumaterialien, Bodenbeschaffenheit, Wasserläufen etc.

2. Profile. a) Die auf Anlage No. 2 ersichtlichen, für die Trace in Betracht kommenden Einschnitte sind nivelliert, mit Ausnahme der kleineren Bachläufe, deren Dimensionen mit Messband und Messlatte ermittelt wurden.

Die Feststellung der Hochwasserstände der Überschwemmungsgebiete geschah auf Grund vorhandener Anzeichen bezw. durch Erfragen, soweit dies möglich war.

3. Geländeprofile im Zuge der Rekognoszierungslinie.

Zur Feststellung aller Knickpunkte im Gelände hatte der dicht hinter mir marschierende Trigonometer Caville den Auftrag, sein Aneroid fortgesetzt, auch bei geringem Gelände unterschieden, abzulesen und die Ablesungen zu notieren.

Bei markanten Geländepunkten, Hügelkuppen, Wasserläufen etc. wurden beide Barometer zur Kontrolle gleichzeitig abgelesen.

Zur Kontrolle aller Barometerablesungen wurden fast in allen Lagerplätzen Siedepunktsbestimmungen mit dem Siedethermometer und Vergleichungen der Barometer vorgenommen. Sämtliche Instrumente zur Höhenmessung wurden vor der Abreise in Dar-es-Salâm, sowie nach der Rückkehr mit dem Quecksilberbarometer der Landesvermessungsabteilung verglichen und dadurch die Standkorrektion, sowie das Verhalten des Barometers während der Reise festgestellt.

Die Art der Berechnung der Höhen ist aus Anlage No. 4 ersichtlich. Auf Grund der berechneten Höhen wurde das Geländeprofil der Deutlichkeit halber wie folgt dargestellt:

1 Centimeter = 150 Meter die Längen,

1 Millimeter = 0,1 Millimeter des Barometers = 1,2,

nämlich ein Zehntel der ermittelten barometrischen Höhenstufe: 1 Millimeter des Barometers = 12 Meter.

Als mittlere Temperatur wurde nach Angabe des Herrn Dr. Maurer, Meteorolog der Landesvermessungs-Abteilung in Dar-es-Salâm, 25 Grad Celsius angenommen.

4. Astronomische Breitebestimmungen wurden von mir ausgeführt mit dem Hildebrand'schen Universalinstrument, dessen Genauigkeit, nach dem bereits berechneten früheren Beobachtungszeichen $0{,}1' = 6''$ = 180 Meter auf dem Boden gemessen, beträgt.

Zur Ausarbeitung des auf der Hin- und Rückreise nach Ukami gewonnenen Materials standen in Dar-es-Salâm bis zum Abgang des Dampfers nur 14 Tage zur Verfügung.

In dieser Zeit wurde von mir die Kartierung der Routen vorgenommen, während Herr Caville auf Grund der von ihm nach Vereinbarung mit mir berechneten Höhen das Geländeprofil darstellte.

Dieses nunmehr von mir nach Berlin mitgeführte Material ist die Grundlage des in Anlage No. 6 gegebenen, auf eine Spurweite von 75 Centimeter basierten Kostenüberschlages.

Hierzu ist folgendes zu bemerken:

1. Position Erdarbeiten.

Die in Anlage No. 3 dargestellten Profile zeigen den Verlauf des Geländes im Zuge der auf der anliegenden Karte ersichtlichen in rot fein eingetragenen Rekognoszierungslinie, also die Barometernivelette.

Die durch die späteren, speziellen Vorarbeiten zu ermittelnde wirkliche Trace wird natürlich von der Rekognoszierungslinie behufs Verringerung der sonst höchst bedeutenden Erdarbeiten an den in Betracht kommenden Stellen mehr oder weniger abweichen. Ein der wirklichen Tracierungslinie möglichst entsprechendes Geländeprofil ist auf Grund der im Routenplan (Anlage 1) stark und punktiert projektierten Trace und Geländeprofile (Anlage 3) konstruiert, indem zur Verringerung der Erdarbeiten grössere steile Bodenerhebungen der letzteren möglichst unter Anwendung der steilsten Steigung 1 : 30 umgangen sind, eine Massnahme, welche den schnellen Fortgang des Baues der ja Erschliessungszwecken zunächst dienenden Bahn erstrebt. Den Forderungen des späteren, regen Betriebes würde die Trace allmählich durch Heben und Senken anzupassen sein, wodurch allerdings nochmals Erdarbeiten erforderlich werden.

In das so gewonnene Profil ist die Bahnlinie (Planumsoberkante) zur Ermittelung der Erdarbeiten in rot eingetragen, wobei Dämme über 4 Meter Höhe und Einschnitte über 6 Meter Tiefe auf längere Strecken vermieden worden sind, weil grosse Erdarbeiten den flotten Fortgang des Baues wesentlich beeinträchtigen und ein schwer gegen die tropischen Regengüsse zu sicherndes Objekt bilden. Im ebenen Gelände ist zur Herstellung des Planums 0,5 Kubikmeter pro laufenden Meter gerechnet worden.

Die zu bewegenden Erdmassen sind nach der für generelle Projekte bei der Eisenbahnbrigade angewandten spezifizierten Göhring'schen Methode ermittelt. Bezüglich der Kosten für Erdarbeit ist zu bemerken, dass beim Bau der Usambara-Bahn die Kosten für 1 Kubikmeter Erdarbeit sich durchschnittlich auf 1 Mark gestellt haben. Dieselben werden sich aber mit den Entfernungen von der Küste steigern, sodass wenigstens für die zweite Hälfte des ersten Bauabschnittes 1,5 Mark für 1 Kubikmeter zu rechnen ist.

2. Brücken.

Die Brückenfrage ist von grösster Wichtigkeit für den Bau der Centralbahn.

Von der Art und Weise, wie diese Frage gelöst wird, hängt das Gelingen des Bahnbaues wesentlich ab.

Folgende Gesichtspunkte sind hierbei in den Vordergrund zu stellen:

a) Örtliche, zeitliche und finanzielle Rücksichten haben in jedem einzelnen Falle zu bestimmen, ob gleich permanent oder erst provisorisch zu bauen ist. Diese Entscheidungen müssen dem Bauleiter überlassen bleiben.

b) Die Überbrückung der grösseren Wasserläufe ist, wenn irgend möglich, in permanenter Form auszuführen, um Kosten zu sparen, vorausgesetzt, dass dadurch das schnelle Fortschreiten des Baues dieser Erschliessungsbahn nicht behindert wird.

c) Als Baumaterialien sind für grössere Brücken Stein und Eisen zu verwenden.

d) Die stetig fliessenden, grösseren Wasserläufe sind womöglich in Einer Spannweite zu überbrücken, damit zeitraubende, schwierige Wasserbauten vermieden werden.

e) Kleinere Wasserläufe, Bäche und Regenbetten sind zunächst provisorisch zu überbrücken (Holz und Eisen).

Im ersten Bauabschnitt sind folgende Flüsse zu überschreiten:

1. Simbasi	mit	einer	erforderlichen	Flutbrückenlänge	von	2×30 Meter,
2. Mpigi	-	-	-	-	-	50 -
3. Banda	-	-	-	-	-	30 -
4. Kingani	-	-	-	-	-	35 -
5. Gerengeri	-	-	-	-	-	30 -

Die genannten Spannweiten beziehen sich nur auf das eigentliche, scharf abgegrenzte Flussbett. Die Art der Vorflutbrücken, d. h. derjenigen Bauten, welche das Überschwemmungsgebiet überwinden sollen, wird später besprochen werden.

Der Bau der eigentlichen Flutbrücken muss so zeitig begonnen werden, dass der Unterbau fertig ist, wenn die Bauspitze die Brückenstelle erreicht. Die jeweiligen örtlichen und zeitlichen Verhältnisse bedingen die Art des Baues. Im ersten Bauabschnitt ist jedoch meines Erachtens die Möglichkeit vorhanden, sämtliche grossen Flutbrücken in permanenter Bauart fertig zu stellen, ohne das Fortschreiten des Bahnbaues zu hindern.

Die Verhältnisse sind nämlich folgende:

Im ersten Bauabschnitt kommt natürlicher Baustein, Sandstein und Granit, nur im Gerengeri-Gebiet vor.

Die übrigen Flussläufe, der Simbasi, Mpigi, Banda und Kingani, sind in Lehm eingebettet.

Baustein findet sich nur im oberen Simbasi und in den Kiserawe-Bergen, jedoch ist an eine Verwendung desselben bei den für die Centralbahn in Betracht kommenden Bauten nicht zu denken, bevor nicht ein leistungsfähiges Verkehrsmittel von dort nach der Küste geschaffen sein wird.

An der Küste ist fester Baustein nicht vorhanden; sämtliche Bauten werden dort aus Korallenstein, sogenannten Kokotten, hergestellt. Dieses Material eignet sich auch für den Bau von Brückenpfeilern, wird sich jedoch nicht überall zweckmässig verwenden lassen, wie in Folgendem nachgewiesen wird.

Von den in Betracht kommenden Flussläufen führen nur der Kingani und Gerengeri stetig Wasser, der Simbasi, Mpigi und Banda nur während und kurz nach der Regenzeit. Man wird also bei letzteren die

Trockenmonate zur Aufmauerung der Flutbrückenpfeiler benutzen können. Um jedoch zu erreichen, dass der Fortschritt des Baues nicht behindert wird, muss sehr früh mit solchem Bau begonnen werden, d. h. also die von der Küste auf dem Baugeleise bis an die Bauspitze beförderten Korallensteine müssten eventuell auf grosse Entfernungen von hier nach der Brückenstelle transportiert werden und zwar durch zahlreiche Trägerkolonnen mit einem bedeutenden Kostenaufwand.

Der Bau einer Förderbahn auf grössere Längen zu solchen Zwecken dürfte sich nicht empfehlen, weil dies für afrikanische Verhältnisse ein schwieriges Unternehmen für sich bildet, denn das Gestänge muss, wenn auch nur für Menschenkraftbetrieb berechnet, gut verlegt werden, damit es einigermassen leistungsfähig ist und bleibt, also Erd- und Stopfarbeiten, sowie provisorische Brückenbauten würden auszuführen sein.

Die Verwendung des von der Küste kommenden Korallensteins ist mithin nur da angebracht, wo durch den Transport nach der Baustelle kein grosser Zeit- und Kostenaufwand entsteht, nämlich am Simbasi unweit Dar-es-Salâm, sowie bei den kleineren Wasserläufen, welche zwischen Simbasi und Mpigi nahe der Küste überschritten werden. Bei diesen kann man das Material wasserwegs bis zu den Mündungen transportieren, dann weiter die kurzen Strecken im trockenen, sandigen Bachbett, welches für dortige Verhältnisse als vorzüglicher Weg zu betrachten ist.

Für den Bau im Mpigi gestalten sich die Verhältnisse eventuell noch günstiger, denn es kann, falls dies in die Baudisposition hineinpasst, während der Regenzeit das Material wasserwegs durch die Mündung bis an die Baustelle mittelst Pinasse geschleppt werden.

Der Kingani, der stetig Wasser führt, kann jederzeit als Wasserweg bis zur Mafisi-Fähre benutzt werden. Fahrten mit der Dampfpinasse sind mehrfach bis über die Mafisi-Fähre hinaus ausgeführt worden. Der niedrigste Wasserstand beträgt nicht weniger als 50 Centimeter, im Stromstrich mehr.

Am Gerengeri kommen solche Transportfragen nicht in Betracht, weil hier das natürliche Gestein vorhanden ist und höchstens auf kurze Entfernung transportiert zu werden braucht.

Im Banda-Thal und anderen grösseren Regenbetten, bei denen der unregelmässigen Bodengestaltung und der Bodenbewachsung wegen, sowie wegen des häufigen und plötzlichen Wasserstandswechsels auf Wassertransport nicht zu rechnen ist, kann zur Vermeidung provisorischer Brücken ein Ausweg gefunden werden, indem man die Pfeiler in Ziegelmauerwerk in der Trockenzeit fundamentiert und aufmauert.

Die Ziegel werden an Ort und Stelle in rechtzeitig zu errichtenden Feldziegelöfen gebrannt aus dem sich überall in Usaramo und besonders an den Wasserläufen vorfindenden zum Ziegelbrennen gut geeigneten Lehmboden.

Die Konstruktion der Flutbrücken über den Simbasi, Mpigi und Banda ergiebt sich wie folgt:

Es sollen um Nietarbeit zu vermeiden 38 Centimeter hohe Walzeisenträger angewendet werden. Die Profilhöhe von 38 Centimeter genügt nach der Rechnung auf Grund anliegender Locomotivtype (Anlage 8) nur für eine Spannweite von 5 Meter. Solche 5 Meter langen, 38 Centimeter hohen Träger sind für die provisorischen Vorflutbrücken projektiert, weil dieselben noch handlich sind.

Die Spannweiten bei den Simbasi-, Mpigi- und Banda-Brücken sind zu 10 Meter angenommen um Mauerwerk zu sparen. Für diese 10 Meter Spannweiten werden die 38 Centimeter hohen Träger durch Armierung verstärkt.

Beim Bau der Kingani- uud Gerengeri-Flutbrücke soll gemäss der unter e) oben ausgesprochenen Gesichtspunkte, behufs Vermeidung von Wasserbauten ein auf die betreffende Spannweite freitragendes eisernes Brückensystem angewendet werden. Von genieteten Fachwerksträgern ist jedoch abzusehen, weil:

1) Der Bau nur mit europäischen Arbeitern ausgeführt werden könnte.

2) Eine Montagebrücke hergestellt werden müsste.

Um diese Schwierigkeit zu vermeiden, ist ein Brückensystem anzuwenden, dessen Material leicht und einfach ist, und den Aufbau auch mit schwarzen Arbeitern gestattet, ohne Nietung, dessen Aufbaumethode ferner eine Montagebrücke unnötig macht.

Ein System, welches diese Bedingungen in hervorragender Weise erfüllt, ist das bei einer der beiden bei der Eisenbahnbrigade gebräuchlichsten Kriegsbrücken angewendete System Lübbecke. Ein Hauptvorzug des Systems ist aber im Hinblick auf seine Verwendbarkeit in Afrika darin zu sehen, dass die leichten Teile sich bequem, ohne maschinelle Vorrichtungen, auch mit Hülfe schwarzer Arbeiter, in Verkehrsgefässe hinein und aus denselben herausladen lassen, dass ferner die verladenen Teile wenig Raum einnehmen. Für den überseeischen Transport und in Anbetracht des hohen Suezkanalzolles ist dies von grösster Wichtigkeit.

Es ist nunmehr noch zu erörtern, in welcher Weise die Überbrückung der zahlreichen, im ersten Bauabschnitt vorhandenen kleinen Wasserläufe als Bäche und Regenbetten, die sämtlich nur in der Regenzeit Wasser führen, gedacht ist. Zunächst wird man versuchen, die nicht scharf abgegrenzten Profile, z. B. rinnsalartige Regenbettsohlen mittels Damm und Röhrendurchlass zu überwinden. Grössere, bachbettartig eingeschnittene Profile bis zu ca. 5 Meter oberer Breite werden mittels 5 Meter langen, mit den Enden zunächst auf Holzunterstützungen ruhenden Walzeisenträgern überbrückt. Ebenso ist bei breiteren Bachprofilen und Regenbetten zu verfahren.

Eine besondere Beachtung ist ferner noch der Frage zu widmen, wie die Überführung der Bahn über die Überschwemmungsgebiete der Wasserläufe sich gestalten soll.

Es ist eine in Deutsch-Ost-Afrika charakteristische Erscheinung, dass die eigentlichen Flussbetten ein verhältnismässig schmales, scharf eingeschnittenes Profil zeigen, wohl eine Folge des starken Wasserabflusses in der Regenzeit. Während der Regenzeit finden die gewaltigen Wassermassen keinen Raum im Flussbett und es bilden sich dann in der meist flach nach den Thalrändern ansteigenden Thalsohle bedeutende Überschwemmungsgebiete. So ist z. B. das Flussbett des Kingani auch im Unterlaufe selten breiter als 50 Meter, während dort das Überschwemmungsgebiet in der Thalebene stellenweise eine Breite von 6 bis 8 Kilometern erreicht.

In der Trockenzeit ist es schwer, genau die Hochwassergrenzen im Gelände festzustellen. Ich habe grosse Mühe darauf verwendet, dieselben nach im Gelände vorhandenen Anzeichen, Schwemmkies ausserhalb der Ufer, Schwemmholz im unteren Teile der Baumkronen des meist gallerie-waldartigen Baumbestandes der Wasserläufe, Schlammsatz an Baumstämmen u. s. w. — zu ermitteln. Häufig fehlten solche Anhaltspunkte für das Auge und die zweifelhaften Aussagen der Neger mussten genügen.

Die in den Profilen angegebenen Masse für den Hochwasserstand dürften wohl die denkbar schlimmsten Fälle darstellen, sodass in Wirklichkeit der Bedarf an Vorflutbrückenlänge sich verringern wird. Immerhin ist jedoch davor zu warnen, diese Masse als völlig unabänderlich nach oben anzusehen. Nur die Kontrolle der Wasserverhältnisse während einer besonders heftigen Regenperiode kann völlig massgebende Resultate in dieser Hinsicht liefern. Daher empfiehlt es sich, die Vorflutbrücken zunächst nur provisorisch auszuführen und erst dann zum Ausbau in permanenter Form überzugehen, wenn man die genaue Kenntnis der Wasserverhältnisse erlangt hat. Auf diese Weise können event. bedeutende Kosten gespart werden.

Um nun das Material für alle provisorischen Brückenanlagen einheitlich zu gestalten, sind auch für die Vorflutbrücken 5 Meter lange, eiserne Träger auf hölzernen Jochen projektiert.

Der in der Nähe der Wasserläufe vorhandene Baumbestand ergiebt höchstens 3 Meter lange Bauhölzer bei einem Durchmesser von 15 bis 30 Centimeter. Da weite Transporte der Bauhölzer mit schwarzen Arbeitern nicht ausführbar sind, so müssen die in unmittelbarer Nähe der Baustelle vorkommenden Hölzer benutzt werden, selbst auf die Gefahr hin, dass es nicht gerade die härtesten Arten sind.

Wenn auch anzunehmen ist, dass diese Hölzer für die beabsichtigte kurze Dauer des Bestehens provisorischer Brücken sich als widerstandsfähig gegen äussere Einflüsse erweisen werden, so ist es doch ratsam, die Widerstandsfähigkeit derselben, besonders gegen die weisse Ameise, durch Bestreichen mit Carbolineum zu erhöhen.

Sehr hartes Holz liefern folgende Bäume: der Kamballo, der Mpagalla, der Mninga, der Pangakadu, welche nach Aussage der Neger auch der weissen Ameise widerstehen.

3. Beschotterung.

Beim Bau der Usambara-Bahn hat sich herausgestellt, dass das Bettungsmaterial für den Oberbau ein schweres sein muss, welches den tropischen Regengüssen widerstehen kann. Sand und Kies werden in der Regenzeit hinweggespült.

Da man beim Bau der Usambara-Bahn vorzügliches Steinmaterial in der Nähe der Bahn vorfand, so benutzte man dieses und stellte mit Hülfe eines Steinbrechers einen vorzüglichen Schotter (faustgrosse Steinstücke) her. Die Kosten sind jedoch bedeutend gewesen, nämlich 6400 Mark pro laufenden Kilometer Beschotterung.

Im ersten Bauabschnitt der Centralbahn ist, wie bereits erwähnt, bis zum Kingani auf Steinmaterial zur Beschotterung in der Nähe der Bahn nicht zu rechnen. Es entsteht also die Frage, in welcher Weise die für die gute Lage des Oberbaues so wichtige Beschotterung gebildet werden soll. Ein Mittel zur Aushülfe, bis die Steingebiete des Gerengeri erreicht sind, bietet der Korallenstein, der bei Wegebauten an der Küste sich gut bewährt hat und den Vorzug der Billigkelt besitzt, da er ohne Maschinenkraft zerkleinert werden kann. Ohne Zweifel würde auch die Bauleitung der Usambara-Bahn den Korallenstein zur Beschotterung verwenden, wenn nicht eben vorzüglicheres Steinmaterial vorhanden wäre.

4. Oberbau.

a) Schwellen.

Der Billigkeit halber ist von der Verwendung eiserner Schwellen abzusehen.

Auf die Beschaffung hölzerner Schwellen aus dem Gelände des ersten Bauabschnittes selbst kann nur in geringem Grade gerechnet werden. Der Bedarf ist nach dem Muster der Usambara-Bahn in erster Linie durch Bezug von Mangrove-Schwellen von der Küste zu decken. Der Preis stellt sich jetzt inklusive Transport nach dem Lagerplatz auf 0,7 Mark pro Schwelle. Wie weit der Vorrat von Mangrove-Schwellen reichen wird, ist eine Frage der Zeit. Vor Beginn des Baues bereits wird man sich über die an der Küste vorhandenen Mengen an Mangrove-Schwellen orientieren müssen und soviel als möglich durch Lieferungskontrakte sichern. Auch mit anderweitigen Entnahmestellen für Mangrove müssen rechtzeitige Verträge abgeschlossen werden, z. B. mit Gebr. Denhardt in Lamu.

b) Schienen.

Schienen reichen aus im Gewichte von 17,6 Kilogramm pro laufenden Meter bei 0,8 Meter Schwellenabstand, dies ergiebt bei einem Zuschlag von 4 Kilogramm für Kleineisenzeug pro laufenden Meter Geleise ein Gewicht von 35 Kilogramm pro laufenden Meter Geleise, oder 35 000 Kilogramm für 1000 Meter.

5. *Telegraphenleitung.*

Nach Mitteilung der Kaiserlichen Postdirektion in Dar-es-Salâm haben die Kosten der Telegraphenlinie an der Küste 600 bis 700 Mark pro laufenden Kilometer betragen. Die Kosten haben sich deshalb so hoch gestellt, weil zur Sicherung der Leitung ein 10 Meter breites Profil des lichten Raumes ausgeholzt werden musste. Der neben der Bahn herlaufenden Telegraphenleitung kommt das für erstere schon herzustellende freie Raumprofil zu statten, sodass sich die Kosten auf etwa 500 Mark pro laufenden Kilometer herabmindern würden.

6. *Gebäude.*

Zur endgiltigen Ausführung der Stationsgebäude ist für Fundamente und aufgehendes Mauerwerk Baustein zu verwenden, nur im Notfall der poröse Korallenstein. Als Eindeckungsmaterial empfehlen sich Wellblech und eiserne Träger. Da jedoch von vornherein für gute Unterkunft der auf der Strecke befindlichen Europäer Bedacht genommen werden muss, so sind bis zur Herstellung von Stationsgebäuden vorläufig transportable Provisorien zu verwenden. Die von der Firma Selberg & Schlüter in Berlin gefertigten, leicht transportablen und zusammensetzbaren Baracken im Preise von ca. 10 000 Mark, aus einem Isulstein genannten, pappartigen, schlecht Wärme leitenden Stoffe, eignen sich für die Tropen.

Auch für die Unterbringung der Bahnarbeiter in transportablen Baracken ist Sorge zu tragen, da sonst der Ausfall von Arbeitskraft durch Sterblichkeit und Flucht ein bedeutender sein würde.

7. *Wasserstationen.*

Zur Wasserversorgung der Locomotiven sind Wasserentnahmestellen auszusuchen bezw. anzulegen. Bezüglich der Entfernung derselben stehen natürlich Theorie und Praxis in grellem Widerspruch. Während der Maschinen-Konstrukteur auch für schmalspurige Locomotiven zulässige Abstände der Wasserstationen bis 60 Kilometer theoretisch herausrechnet, sind im dauernden Betrieb der Schmalspurbahnen, zur Schonung der Locomotiven, bereits alle 15 Kilometer solche Wasserstationen wünschenswert, besonders im hügeligen Gelände. Durch Mitführung von Wassertendern kann zwar der Bedarf an Wasserstationen verringert werden, jedoch hat dies eine Grenze, da hierdurch die tote Last vergrössert wird.

Die Art der Ausführung der Wasserentnahmestellen wird sich nach den örtlichen Verhältnissen richten müssen. Von der Küste bis zum Kingani — in Usaramo — ist Wasser in der Trockenzeit nur stellenweise in kleinen Tümpeln zu finden. Das Wasser dieser Tümpel darf man sich nicht als Quellwasser vorstellen, vielmehr als Rückstand aus der Regenzeit. Das in einer Bodensenkung zusammengeflossene Regenwasser fand infolge einer undurchlässigen Bodenschicht keinen Abfluss und leistete nun, je nach seiner Menge, längere oder kürzere Zeit der Verdunstung Widerstand. Bei beständiger Entnahme wird jedoch das Wasser bald verbraucht sein, sodass also solche Tümpel nicht etwa als leistungsfähige, natürliche Wasserstationen zu betrachten sind.

Auf der ganzen Bahnstrecke von Dar-es-Salâm bis zum Kingani-Fluss, also auf eine Länge von ca. 128 Kilometer ist die Anlage künstlicher Wasserstationen mit Hülfe von Brunnenbau aus Cementröhren erforderlich. Über die Kosten solcher Anlagen sind wenig Erfahrungen vorhanden. Der Preis wird sich wesentlich nach der Tiefe des Grundwassers richten. Natürlich wird man solche Bohrungen in Thälern und relativ tief gelegenen Punkten rechtzeitig durch einen Sachverständigen vornehmen lassen, der mit Bohrgestänge reichlich auszurüsten ist. Es wird sich empfehlen, gleich bei Beginn des Baues bezw. bereits vorher, die Anlage von Wasserstationen ins Auge zu fassen, da hiervon die Schnelligkeit des Baues wesentlich mit abhängt. Auch muss man sich darüber klar sein, dass die Ausführung der Wasserbeschaffungsanlagen sehr zeitraubend und event. sehr kostspielig sein wird, besonders wenn die Bohr- und Pumpversuche missglücken sollten. In solchen Fällen wird nichts übrig bleiben, als etwa grosse, gemauerte Cisternen anzulegen, um in denselben das Regenwasser zu sammeln und zu konservieren. Bis dahin muss man sich durch Mitführung von Wassertendern helfen.

8. *Hafenanlagen.*

Dar-es-Salâm ist als Ausgangspunkt der Centralbahn gewählt worden, weil es einen guten Hafen besitzt, der von den Reichspostdampfern angelaufen wird.

Die am Zollgebäude befindliche Rampe wird jetzt durch einen 40 Meter langen massiven Pier, und im Anschluss an denselben durch einen 30 Meter langen soliden Holzpier verlängert, an die bei niedrigem Wasserstand Fahrzeuge von 3 Meter Tiefgang heranfahren können. Der Bau des Piers wird voraussichtlich bis Juni d. J. fertig werden. Oberhalb der Plattform ist die Kaimauer verstärkt, zur Aufnahme eines 5 Tonnen-Krahnes.

Mit Hülfe einer Dampfpinasse und einiger Leichter, die zu beschaffen sind, kann das ankommende Eisenbahnmaterial jederzeit an den Pier und über denselben zu Lande gebracht werden. Bevor also der überseeische Verkehr nicht grosse Dimensionen annimmt, sind anderweitige Hafenanlagen, die in Pierbauten auf der Südseite des Hafens bestehen würden, nicht erforderlich.

Berlin, den 23. Mai 1896.

Schlobach.
Lieutenant

Anlage M.

Statistik*).

I. Ein- und Ausfuhr des Deutsch-Ost-Afrikanischen Schutzgebietes.

(Nach der Deutschen Statistik.)

Rechnungsjahr	Wert der Einfuhr Mark	Wert der Ausfuhr Mark
1888/89	2 485 162	4 270 652
1889/90	8 473 147	7 523 878
1890/91	9 000 844	7 482 429
1893	7 712 822	5 580 739
1894	7 167 690	4 877 022
1895	7 608 467	3 257 585
1896	8 665 467	4 117 339
1897	9 043 446	4 939 252

Hiervon entfallen auf die Ein- und Ausfuhren in, resp. aus dem freien Verkehr Deutschlands und unseres Deutsch-Ost-Afrikanischen Schutzgebietes:

	Einfuhr in Deutschland Mark	Ausfuhr aus Deutschland Mark
1890	489 000	310 000
1891	208 000	2 026 000
1892	275 000	2 199 000
1893	329 000	1 979 000
1894	—	—
1895	303 833	2 062 000
1896	699 673	2 079 802
1897	1 092 483	2 433 356

*) Die ursprünglich dem Bericht an den Reichskanzler vom 19. Juni 1896 beigelegte Statistik ist hier, nach den im Auswärtigen Amt befindlichen Materialien, über das Jahr 1894 hinaus fortgeführt und entsprechend berichtigt worden. Was die Ein- und Ausfuhren aus dem freien Verkehr betrifft, so fehlen in der im Kolonialblatt veröffentlichten amtlichen Statistik für das eine Jahr 1894 die Angaben der Herkunfts- und Bestimmungsländer. *W. O.*

Die direkte Einfuhr des Deutsch-Ost-Afrikanischen Schutzgebietes in den freien Verkehr Deutschlands betrug hiernach im Jahre 1893 nur 6 % der Gesamtausfuhr des Schutzgebietes, 1897 dagegen 22 %, oder fast das Vierfache. Die direkte Ausfuhr aus dem freien Verkehr Deutschlands in unser Schutzgebiet betrug 1893 26 % und 1897 27 %, ist also kaum gestiegen. Der Anteil des durch Zanzibar, Indien, England, Holland und Belgien vermittelten Zwischenverkehrs überwiegt also immer noch um etwa das Vierfache den direkten Verkehr, lässt sich aber statistisch nicht spezifizieren.

II. Einnahmen der Hauptzollämter von Deutsch-Ost-Afrika an Ein- und Ausgangs-Zöllen.

Hauptzollämter	Vom 1. Juli 1891 bis 31. März 1892	Rechnungsjahr 1892/93	Rechnungsjahr 1893/94	Vom 1. April bis 31. Dez. 1894	Kalenderjahr 1895	Kalenderjahr 1896	Kalenderjahr 1897
	Rupies	Rupies	Rupies	Rupies	Rupies	Rupies	Rupies
Tanga	41 112	46 148	61 782	61 374	119 584	157 837	164 113
Pangani . . .	50 612	66 893	79 197	85 639	92 267	117 625	145 172
Bagamoyo . .	304 843	358 888	302 417	359 350	393 577	542 704	426 687
Dar-es-Salâm .	87 907	116 416	129 563	141 023	203 568	229 430	264 175
Kilwa	67 473	132 138	181 320	120 743	165 670	196 737	256 727
Lindi	49 589	92 236	72 634	114 113	150 161	—	—
Mikindani . .	32 134	43 292	43 100	—	—	179 904	195 861
Summa . . .	633 670	856 011	870 013	882 242	1 124 828	1 423 239	1 452 737

Anmerk. Das Hauptzollamt Mikindani ist am 1. April 1894 aufgehoben und nach Lindi, letzteres dagegen vom 1. Januar 1896 ab wieder nach Mikindani verlegt worden.

III. Handel von Zanzibar.

(Nach den statistischen Angaben der englischen Zollverwaltung.)

Febr. bis Dez. 1892: Einfuhr 17 395 210 Rupies. Ausfuhr 13 326 129 Rupies.
Kalenderjahr 1893 - 18 548 964 - - 16 032 566 -

Von diesem Gesamt-Verkehr entfielen auf die Ausfuhr Zanzibars nach den Häfen des Deutsch-Ost-Afrikanischen Schutzgebietes:

11 Monate 1892 3 418 607 Rupies = 26 % der Gesamtausfuhr Zanzibars.
1893 4 685 764 - = 29 % - - -

Auf die Einfuhr in Zanzibar aus den Deutsch-Ost-Afrikanischen Häfen entfielen dagegen:

11 Monate 1892 3 430 287 Rupies = 20 % der Gesamteinfuhr Zanzibars.
1893 3 649 266 - = 20 % - - -

Sind diese Zahlen richtig, so würden im Jahre 1893 (die Rupie zum Cours von 130 angenommen) von der obigen Gesamtausfuhr des Deutsch-Ost-Afrikanischen Schutzgebietes von 5 580 739 Mark nicht weniger als 4 744 046 Mark, oder 85 % über Zanzibar ausgegangen, und von der Gesamteinfuhr des Schutzgebietes von 7 712 822 Mark nicht weniger als 6 091 493 Mark, oder 80 % über Zanzibar eingegangen sein.

Die Ausfuhr Zanzibars nach dem Gebiete der Englisch-Ost-Afrikanischen Gesellschaft betrug 1893 730 215 Rupies, und die Einfuhr von dort 833 660 Rupies; der Verkehr Deutsch-Ost-Afrikas mit Zanzibar hat also ungefähr den fünffachen Umfang des Verkehrs von Zanzibar mit dem englischen Ost-Afrika.

(Nach dem Bericht des österreichischen Konsuls in Zanzibar.)

	Wert der Einfuhr Rupies	Wert der Ausfuhr Rupies
1895	23 432 086	21 732 487
1896	21 356 713	19 403 260

Der Gesamt-Ein- und Ausfuhrhandel Zanzibars stellt sich hiernach im Jahre 1896 um mehr als das vierfache höher als der Gesamt-Ein- und Ausfuhr-Handel von Deutsch-Ost-Afrika.

Schlusswort.

Wenn auch das Comite mit Erstattung des Berichts an den Reichskanzler, Fürsten Hohenlohe, vom 19. Juni 1896, den ich am 23. desselben Monats durch Vermittlung der Kolonialabteilung einreichte, seine wesentlichste Aufgabe erfüllt und ein Material für die wirtschaftliche und finanzielle Beurteilung des Centralbahnprojektes beschafft hatte, welches vollständig genügte, um den Entscheidungen der ressortierenden Reichsämter zur Grundlage zu dienen und, wenn irgend möglich, schon in der Session 1896/97 eine Vorlage an den Reichstag gelangen zu lassen, so glaubte das Comite doch die Zeit bis zur definitiven Konstituirung einer Deutsch-Ostafrikanischen Centralbahngesellschaft nicht unbenutzt lassen und der künftigen Bauleitung durch verschiedene Vorstudien und Ermittelungen noch weiter vorarbeiten zu sollen. Die desfallsige Anregung aus dem Schoos des Comites (Protokoll vom 28. Juli 1896) fand sowohl beim Ministerialdirektor Dr. Kayser als bei der beteiligten Bankgruppe vollen Anklang, und wurde, auf Grund eines vom Geheimrat Bormann ausgearbeiteten ausführlichen Programms und Kostenanschlags vom 24. Juli 1896, eine Summe bis zu 25000 Mark für die Durchführung dieser Aufgaben ausgesetzt, welche die Kolonialabteilung zu $^2/_3$, die Bankgruppe zu $^1/_3$ zu tragen übernahmen. Die Leitung der Arbeiten wurde dem Lieutenant Schlobach übertragen, welcher sich in Folge dessen am 26. August 1896 wiederum nach Ostafrika einschiffte.

Die erste der hiernach noch zu lösenden Aufgaben betraf die Untersuchung einer direkten Linie von Dar-es-

Salâm nach dem Kingani-Übergang bei Mafisi, deren ersten Abschnitt Lieutenant Schlobach bereits in den Jahren 1894/95 aufgenommen hatte. Der in Anlage K enthaltene Kostenanschlag bezieht sich auf die vom Comite zuerst untersuchte Linie von der Mafisifähre nach Mpigi, von wo sie sich nach Dar-es-Salâm und Bagamoyo, ersteres 37, letzteres 33 Kilometer entfernt, verzweigte; die weitere Untersuchung der direkten Linie von Mafisi über Kola und die Puguberge nach Dar-es-Salâm ward damals vorbehalten. Diese direkte Linie bietet, wie nunmehr als feststehend angenommen werden darf, durchaus keine grösseren Schwierigkeiten als der Weg über Mpigi und kürzt die Hauptroute der Centralbahn bis zu ihrem Endpunkt Dar-es-Salâm um 41 Kilometer ab. Bagamoyo würde alsdann nicht von der Hauptbahn abgezweigt, sondern durch eine Nebenbahn von 70 Kilometer Länge direkt mit Dar-es-Salâm verbunden werden; diese würde im Wesentlichen dem Meeresstrand entlang laufen und bietet keinerlei Terrainschwierigkeiten. Die Baukosten dieser zweiten, gegen die Trace über Mpigi noch 4 Kilometer kürzeren Linie Mafisi—Dar-es-Salâm—Bagamoyo sind nicht so speziell veranschlagt, wie die zuerst vermessene Linie über Mpigi (Anlage K); allein der Unterschied in den Kosten kann jedenfalls nur ein so geringfügiger sein, dass er keinen Ausschlag für die eine oder die andere Linie geben wird. Inzwischen tritt neuerdings auch der Gouverneur, General Liebert, entschieden für die direkte Linie ein, welche auch die Bedenken beseitigt oder abschwächt, die von mancher Seite noch gegen die Einbeziehung Bagamoyo's in das Haupteisenbahnnetz geltend gemacht werden, während man einer erst von Dar-es-Salâm ausgehenden Nebenbahn, vielleicht das Glied einer künftigen Küstenbahn, sympathisch gegenübersteht. Die ganze Frage wird noch reiflicher Prüfung unterliegen; aller Wahrscheinlichkeit nach — und ich selbst schliesse mich dieser Ansicht vollständig an — wird die direkte Linie Mafisi—Dar-es-Salâm den Sieg davontragen.

Die zweite Aufgabe für Herrn Schlobach bestand in der Erforschung der Schiffbarkeit des Kinganiflusses bis zu dem geplanten Brückenübergang der Hauptbahn bei Mafisi. Ausser der allgemeinen wirtschaftlichen Bedeutung dieser Wasserstrasse galt es insbesondere die Frage zu lösen, ob die für den Brücken- und Bahnbau erforderlichen Materialien zu Wasser nach Mafisi befördert werden könnten, was namentlich den grossen Vorteil mit sich brächte, die Kingani-Ueberbrückung, und den Eisenbahnbau überhaupt, von dort, nicht blos von der Meeresküste aus, in Angriff nehmen zu können. Lieutenant Schlobach hat diese Aufgabe vollständig durchgeführt und unterm 15. März 1897 hierüber eingehenden Bericht erstattet. Derselbe bestätigt vollauf die schon oben in dem Bericht an den Reichskanzler (Seite 17) ausgesprochenen Ansichten, und kann hiernach der Kingani bis Mafisi, für Heckraddampfer und Fahrzeuge aller Art bis 0,4 m Tiefgang, das ganze Jahr hindurch befahren, der Kingani also auch abwärts von Mafisi als Wasserstrasse benutzt werden.

Fernere Aufgaben betrafen die Ermittelung der Baukosten, welche die wichtige Thatsache feststellten, dass an der Küste der Korallenkalk geeignete Bausteine liefert und dass im Innern sich überall der zum Brennen von Ziegelsteinen geeignete Thon vorfindet. Auch die von Herrn Schlobach entnommenen Wasserproben erwiesen sich, laut Zeugnis des Apothekers Siemens in Dar-es-Salâm vom 25. März 1897, als durchaus geeignet für den Lokomotivbetrieb.

Der am 16. April 1897 erfolgende Abgang des Herrn Schlobach zur Schutztruppe hat einzelne kleinere Aufgaben, oder wenigstens die genaueren Berichte darüber, so z. B. über das Schwellenmaterial, nicht vollständig erledigen oder zum formellen Abschluss bringen lassen. Immerhin war die stattgehabte Fortsetzung der Vorarbeiten von grosser Wichtigkeit für die Entscheidungen in Sachen der Centralbahn und gestattet uns heute mit noch grösserer Sicherheit, als zur Zeit des Berichts an den Reichskanzler, über die Durchführbarkeit der Centralbahn zu urteilen.

Wenn nun aber auch in dem Vertrag vom 11. März 1895 in § 4 vorgesehen war, dass erst nach Erstattung des Comitesberichts die Entscheidung erfolgen solle, ob eventuell die Kolonie oder das Reich den Bau der Centralbahn selbst in die Hand nehmen, oder einer zu bildenden Privat-Eisenbahngesellschaft mit Reichsunterstützung die Koncession erteilen werde, so neigten sich doch von vornherein sowohl die Vertreter der Kolonialabteilung, als der beteiligten Ressorts, namentlich auch der K. Preussischen Ministerien der öffentlichen Arbeiten und der Finanzen, laut Schriftenwechsel vom 23. Oktober 1896 und 15. Januar 1897, letzterer Ansicht als der voraussichtlich im Reichsinteresse zu treffenden Entscheidung zu. Auch ward im letzterwähnten Schreiben des Ministeriums anerkannt, dass das vom Comite in seinem Bericht an den Reichskanzler und dessen Anlagen beschaffte Material eine ausreichende Unterlage biete, um die von einer Privatunternehmung anzufertigenden ausführlicheren Vorarbeiten zu beurteilen und darnach den Maassstab für die finanzielle Beteiligung des Reichs an diesem Unternehmen zu gewinnen.

Um keine Zeit zu verlieren, legte ich schon am 10. Februar 1896 dem ständigen Ausschuss des Comites den Entwurf zu dem zwischen dem Reich und der zu bildenden Eisenbahngesellschaft zu vereinbarenden Koncessionsbedingungen vor, und wurden, die Herren Dr. Siemens, Lucas und ich zur Verfolgung dieser Angelegenheit committiert. Die eingeleiteten und vertraulich geführten Verhandlungen begegneten der eifrigsten Teilnahme und dem grössten Entgegenkommen des Ministerialdirektors Dr. Kayser, der mir noch am 24. September von Gastein aus schrieb, „dass ihm die Eisenbahnfrage sehr am Herzen liege und er mit Ungeduld auf die Besprechung mit den Bankiers unter meiner Vermittelung und Beihülfe warte.“ Den wichtigsten Teil der Bedingungen bildeten hierbei die Fragen der vom Reiche, nach § 5 der Vereinbarung vom 11. März 1895 zu gewährenden Unterstützungen. Im Verlauf der Verhandlungen nahm man hierbei eine Abänderung der in der Vereinbarung in Aussicht genommenen Zugeständnisse in Aussicht, wonach eine mässige Zinsgarantie nicht von der Kolonialverwaltung, sondern direkt vom Reich zu gewähren sei, und an Stelle von Landüberlassungen Zuschüsse aus den künftigen Mehreinnahmen an Zöllen treten sollten. Auch Dr. Kayser neigte sich dieser Ansicht zu, insbesondere, nachdem, auf meinen Vorschlag, in Aussicht genommen wurde, das Reich für die jährlich zu zahlende Unterstützungssumme in Aktien der Gesellschaft zu entschädigen. Am 5. Oktober 1896 reichten, auf Grund der letzten, am 28. September 1896 mit Geheimrat Dr. Kayser stattgehabten Verhandlungen und Vereinbarungen, die beteiligten fünf Bankhäuser ihre Bedingungen für die Bildung einer Eisenbahngesellschaft ein, welche nur einige, verhältnismässig untergeordnete Fragen, namentlich die Bedingungen für ein späteres Ankaufsrecht des Reichs und die Höhe und Dauer des Anteils an den Zolleinnahmen, offen liessen und fernerer Verhandlung vorbehielten. Nach meiner Ueberzeugung und Kenntniss der beiderseitigen Intentionen würde eine einzige Sitzung genügt haben, auch noch über diese Fragen, überhaupt über die ganzen Koncessionsbedingungen, die Einigung mit der Kolonialverwaltung herbeizuführen, als wenige Tage später ein Schlag fiel, der auf Jahre hinaus die Fortsetzung und den Abschluss dieser mit unendlicher Mühe bis an die Schwelle des Gelingens geförderten Arbeiten vernichtet hat, — der Rücktritt des Leiters der Kolonialabteilung, Dr. Kayser. Er erfolgte auf sein Ansuchen durch Allerhöchste Ordre vom 14. Oktober 1896.

Zehn Jahre lang habe ich mit Dr. Kayser unausgesetzt in kolonialen Angelegenheiten verkehrt. Es wäre eine grosse Ungerechtigkeit, wenn Kayser's Verdienste um die Organiation der neu geschaffenen Kolonialabteilung und Entwickelung unserer Kolonien jemals verkannt, oder gegen einzelne Missgriffe aufgerechnet würden. Nur der aber weiss sie voll zu würdigen, der die ungeheuren Schwierigkeiten ermisst, welche objektiv und subjektiv den Fortschritten auf einem Gebiet entgegenstanden, wo noch keine Erfahrungen vorlagen, keine Traditionen existirten, wo geradezu alles erst neu zu schaffen und zu organisiren war, wo es an im Kolonialdienst erfahrenen Hilfskräften hier und draussen fehlte, wo die Civil- und Militärgewalt, koloniale Bureaukratie und Unternehmeransprüche im Streite lagen und wo sich oft unlautere Elemente zwischen die gerechtesten Bestrebungen einzudrängen suchten. Wohl hat Dr. Kayser voll und ganz den ehrenvollen Nachruf verdient, den ihm Herzog Johann Albrecht in der Sitzung des Kolonialrats am 19. Oktober 1896 widmete. Kayser fand ein Chaos vor und hinterliess geordnete Zustände.

Mit dem Abgang Kayser's gewann die aus Anlage D erkennbare, der Centralbahn feindliche Strömung wieder Oberwasser, welche nur durch die Vereinbarung vom 11. März 1895 während des Bestehens des Comites zeitlich zurückgedrängt worden war. Während Dr. Kayser, Dr. Siemens und ich die Sanirung der notleidenden Usambarabahn, wie § 7 der Vereinbarung darthut, gleichzeitig mit der Koncessionirung der Centralbahn in Aussicht nahmen (dies halte ich auch heute noch für den richtig gewählten Weg, der uns schon längst zum Ziele für beide Bahnen geführt hätte), wurden nun alle ferneren Unterhandlungen und Schritte auf der Comite-Grundlage sistirt und die Usambarabahn derart in den Vordergrund geschoben, dass man sogar das fernere publizistische Auftreten für die Centralbahn als eine Feindseligkeit betrachtete, welche die Annahme der Sanirungsanträge durch den Reichstag gefährden würde. Die Untersuchungen und Verhandlungen über diese Sanirung nahmen die ganze Amtsperiode des Nachfolgers von Dr. Kayser, des Freiherrn von Richthofen — von dem ich übrigens zu wissen glaube, dass er der wärmste Freund des Centralbahnprojektes ist — in Anspruch, und erst der Energie des am 1. April 1898 eingetretenen Direktors der Kolonialabteilung, Wirkl. Geheimen Legationsrat von Buchka, ist es gelungen, mit der Deutsch-Ostafrikanischen und der Usambara-Gesellschaft die nötigen Verträge wegen Ankaufs der Bahn durch das Reich abzuschliessen, die erforderlichen Summen in den Etat pro 1899/1900 einzustellen und im Kolonialrat und Reichstag durchzusetzen. Das Reich ist dabei sehr gut gefahren, die beiden Gesellschaften aber, die so grosse Opfer für die erste Einführung des Eisenbahnbaues brachten, hätten wohl eine etwas grossmütigere Behandlung Seitens des Reichs verdient.

Es ist nicht der Zweck dieser Schrift, sich in nachträglichen Erörterungen zu ergehen, ob der seit Abgang Dr. Kaysers eingeschlagene Weg der richtige war oder nicht. Auf alle Fälle ist jetzt der Weg für die Centralbahn frei und der Hinweis auf die Usambarabahn kann nicht mehr gegen die Wiederaufnahme dieses grossen Werkes ins Feld geführt werden. Zwei kostbare Jahre sind versäumt; es gilt jetzt, durch doppelte Energie die Versäumnis wieder einzuholen.

Die Begründung der Anlage einer die Mitte unserer Kolonie durchquerenden Centralbahn, oder, präciser ausgedrückt, des ersten Abschnittes derselben von Dar-es-Salâm nach Ukami, ist in der mitgeteilten Denkschrift vom 19. Juni 1896 und ihren Anlagen so erschöpfend gegeben, dass es sich hier nur noch darum handelt, die Momente hervorzuheben, welche es heute nur noch dringender erscheinen lassen, rasch und energisch an die Durchführung heranzutreten.

Ein äusseres Moment, das inzwischen auch schon mit patriotischer Intuition von unseren bedeutendsten publizistischen Organen, selbst solchen, die früher dem Bahnbau kühl oder gar feindlich gegenüberstanden, aufgefasst worden ist, liegt in dem Vorrücken der englischen und belgischen Konkurrenzlinien gegen unsere nördlichen und westlichen Grenzen. Was zunächst in dem Bericht an den Reichskanzler und der Anlage B über die Gefahren der englischen Bahn von Mombassa nach dem Norden des Victoria-Nyanza gesagt ist, die den ganzen Handel dieses Seengebietes und seiner fruchtbaren, dicht bevölkerten Ufer von unseren Häfen abziehen würde, muss um so dringlicher erscheinen, als seitdem schon mindestens ein Drittteil dieser Bahn vollendet und dem Betrieb übergeben worden ist. In gleicher Weise hat sich nach Vollendung der Kongo-Eisenbahn (ein Unternehmen, das wir uns in seiner Kühnheit und in der Energie der Durchführung von Seiten des kleinen Belgiens zum Vorbild nehmen sollten) die Gefahr eines Abzugs aus unserem Tanganyka-Gebiet nach Osten hin bedeutend verstärkt. Es bedarf nur, von den Stanley-Fällen aus, einer Eisenbahnverbindung, oder, mit Umgehung der Fälle mittels Schleusen*), einer Wasserverbindung mit dem Tanganyka, um denselben und unser dahin gravitierendes Ge-Gebiet dem Kongostaat tributpflichtig zu machen und deren Verkehr den Häfen an der deutschen Küste zu entziehen. Schon jetzt wird in jährlich steigenden Mengen Elfenbein, unter grosser Schädigung unserer Einnahmen an Ausgangszöllen, aus

*) Aus dem Munde von Oberstleutenant Thys, dem energischen Erbauer der Kongobahn, deren erster Kilometer 1 Million Francs kostete, erfuhr ich, dass an diesem Projekt ernstlich gearbeitet wird.

deutschen Gebieten über den Kongo, statt über Dar-es-Salâm oder Zanzibar, ausgeführt. Und die dritte Gefahr, unter der Fahne des energischen Cecil Rhodes, droht vom Süden her, durch das Herannahen der afrikanischen Transversalbahn, insofern diese am Tanganyka endigen, oder von da durch das Gebiet des Kongostaates weiter geführt werden soll. Die Fortsetzung von Bulwayo bis zum Zambesi ist im englischen Parlament bereits beschlossene Sache und nach zuverlässigen Berichten hat Rhodes auch schon bestimmte Zusagen für die Fortsetzung zum Südende des Tanganyka, bis wohin die Trace bereits genau erforscht ist, in der Tasche. Unser deutsches Nyassa-Gebiet aber gravitiert ohnedies schon durch seine geographische Lage nach dem Shire und Zambesi, also nach dem portugiesischen Ausland. Alles vereinigt sich hiernach zum Nachteil unserer inneren wirtschaftlichen Entwickelung und unserer Häfen am indischen Ocean.

Erst wenn diese von Aussen her die Peripherie unseres Schutzgebietes berührenden ausländischen Bahnprojekte ihr Gegengewicht in der Anziehungskraft eines das Innere unseres Schutzgebietes wirtschaftlich und kulturell aufschliessenden und mit unseren Häfen am indischen Ocean verbindenden Eisenbahn- und Wegenetzes gefunden haben, kann der verhältnismässig geringe Nutzen, welchen sie unseren Grenzgebieten nach aussen hin bieten mögen, gegen die Nachteile in Ansatz gebracht werden, die sie der Rentabilität des deutschen Eisenbahnbaues in Ostafrika, unseren Finanzen und insbesondere der Entwickelung des in Dar-es-Salâm erstrebten grossen Stapelplatzes für den internationalen Handel bereiten. Wir lassen uns allen Wind aus den Segeln nehmen und drängen den Handel in die ausländischen Bahnen, denen er schwer wieder zu entreissen sein wird, wenn wir mit der Centralbahn noch länger zögern. Ihre rasche Durchführung ist heute nicht nur eine wirtschaftliche Notwendigkeit, sondern sie ist auch, dem Ausland gegenüber, zu einer Ehrensache geworden, zu einem Prüfstein unserer kolonialen Macht, Kraft und Einsicht.

Wenn wir aber unsererseits heute mit dem Bau der Centralbahn energisch vorzugehen entschlossen sind, so verändert sich dadurch vollständig die Stellung, welche wir gegenüber der

Durchführung der Rhodes'schen Transversalbahn und Telegraphenlinien durch unser Gebiet einnehmen sollten. Immer unter dieser Voraussetzung, würde ich es für durchaus erwünscht halten, wenn wir mit den Engländern zu einer Einigung über die Transversalbahn gelangen könnten, die uns nur bedenklich wird, wenn sie am Tanganyka enden, oder durch belgisches (Kongo-) Gebiet geführt werden sollte.

Selbstverständlich müsste der Bau der fraglichen Strecke durch eine deutsche Gesellschaft ausgeführt werden und die Bahn selbst müsste dauernd unter deutscher Oberhoheit stehen. Centralbahn und Transversalbahn, letztere soweit sie deutsches Gebiet berührt, müssten in Ein Unternehmen verschmolzen werden. Wir müssten uns überdies selbstverständlich durch einen Tarif- und Betriebsvertrag sicher stellen.

Überhaupt verdient jede das Innere des Kolonialgebiets durchschneidende Bahn unsere staatliche und materielle Unterstützung und trägt mächtig zu dessen wirtschaftlicher und kultureller Entwicklung bei. Es ist eine sehr einseitige Anschauung von dem Nutzen, den uns die Bahnen, so speziell auch die Centralbahn, bringen sollen, und von den Bedingungen ihrer Rentabilität, wenn man sie blos als Verbindungswege mit dem Ausland, nach ihrer Bedeutung für den internationalen Import und Export, betrachten will, wie man derartigen oberflächlichen Berechnungen häufig begegnet. Die Karawanenstrassen haben allerdings nur eine solche Bedeutung, wenn sie Elfenbein und andere kostbare Artikel behufs Ausfuhr an die Küste befördern, während für eine Eisenbahn diese Transportkategorien kaum noch in die Waagschale fallen und nur für unsere Ausfuhrzölle finanzielle Bedeutung behalten. Je entwickelter ein Land ist, je mehr tritt die Rentabilität und wirtschaftliche Bedeutung der Eisenbahn als Trägerin des internationalen Verkehrs zurück, je mehr dient sie der Güter- und Personenbewegung im Innern, dem Austausch der Boden- und Industrieerzeugnisse, dem Zusammenführen der für die Produktionen erforderlichen Roh- und Hilfsstoffe, kurz dem inneren Handel und Verkehr. Wenn wir also die Eisenbahnen als die wichtigste Unterlage für die wirtschaftliche Entwicklung und Reichtumsvermehrung eines Gebiets betrachten, so gilt dies in erster Linie, und in stets steigendem Maasse, von der Förderung des inneren, nicht blos des internationalen Verkehrs, dem die Karawanen dienten. Und welcher Entwicklung ist dieser innere Verkehr und die damit zusammenhängende Steigerung der Produktionen und Konsumtionen noch fähig, in einem von vielen Millionen bewohnten, und, wie die Erfahrung zeigt, den Kulturfortschritten durchaus nicht unzugänglichen Volke! Die hier entwickelten Gesichtspunkte lassen es also vollkommen zulässig erscheinen, auch fremde Unternehmungen im Bahn- oder Telegraphenbau im Bereich des deutschen Schutzgebietes zuzulassen und zu unterstützen, wenn sich kein deutsches Geld für Erreichung der gleichen Zwecke darbietet und die Leitung solcher Unternehmungen in deutsche Hände gelegt und unseren Gesetzen unterworfen wird.

An dieser Stelle dürfte überhaupt der Hinweis angebracht erscheinen, wie irrig es ist, wenn wir Bedenken hegen für die wirtschaftliche Entwickelung und Ausgestaltung unserer Kolonien fremdes Kapital heranzuziehen. Wenn fremdes Kapital bereitwilliger ist, die Chancen eines kolonialen Unternehmens ohne oder gegen eine geringere Zinsgarantie zu übernehmen als deutsches Kapital, so liegt wahrlich keine Veranlassung vor, sich dagegen spröde zu verhalten. Im Gegenteil, der internationale Charakter des Kapitales hat andererseits auch eine gewisse, ich möchte fast sagen erziehliche Macht für das nationale Kapital. Erst wenn dieses sieht, dass vom Auslande her uns die Mittel für unsere Unternehmungen willig angeboten werden, gewinnt es allmählich selbst das Zutrauen, sich gleicherweise in den kolonialen Unternehmungen zu bethätigen und für solche Bethätigung bleibt auf Jahrzehnte hinaus noch ungemessener Raum übrig. Stehen wir doch in unseren Kolonien noch erst in den Anfängen wirtschaftlicher Entwickelung, so dass nur langjährige ununterbrochene Hingabe von Arbeit und Kapital uns zu wirtschaftlichen Herren unserer Kolonien machen können.

Und auch eine andere Bemerkung möge noch Platz finden. Man komme nicht mit dem Einwande, dass man die Centralbahn für unsere ostafrikanische Kolonie, und die Transversalbahn durch dieselbe, nicht gleichzeitig in Angriff nehmen und mässige Zinsgarantien für dieselben verlangen dürfe, zu derselben Zeit, wo ähnliche, wenn auch kleinere Aufgaben uns noch im Norden dieser Kolonie bezüglich des Ausbaues der Usambarabahn sowie in West- und Südwestafrika obliegen, auch die Erbauung von Bahnen durch das gewaltige Shantunggebiet sich bald für uns zu einer unmittelbar zwingenden Pflicht gestalten dürfte.

Ich glaube, dass unser Volk sich seiner Leistungsfähigkeit und seines Reichtums noch lange nicht genug bewusst ist. In dem gleichzeitigen Herantreten an gewaltige wirtschaftliche Aufgaben wird es erst seine Kraft zeigen und erweisen können, wie es dieselben spielend zu überwinden vermag. Ebenso, wie es unsere Pflicht ist, die politische Stellung und Sicherheit unseres Vaterlandes durch ein starkes Heer und eine immer noch mächtiger zu gestaltende Flotte zu schützen und zu stärken, so ist es gleichzeitig unsere Pflicht, den Intentionen unseres energischen Kaisers und seiner vortrefflich geleiteten auswärtigen Politik gerecht zu werden, und auch den vollen wirtschaftlichen Nutzen aus der Weltstellung zu ziehen, welche wir uns errungen haben. Wir haben die Kolonien, wir schützen sie, jetzt gilt es auch sie wirtschaftlich auszugestalten, gleichsam erst zu erwerben. Kleinliche Knauserei ist dabei nicht am Platze; man muss nicht ernten wollen, ehe die Frucht reif ist, geschweige denn ehe man gesät hat. Ich glaube, dass gerade der gleichzeitig an unser Volk herantretende Anspruch, das Geld für verschiedene bedeutungsvolle Unternehmungen zur wirtschaftlichen Ausgestaltung unserer Kolonien zu beschaffen, einen mächtigen kolonialpolitischen Eindruck machen und die Bereitwilligkeit zur Aufbringung des Geldes fördern, nicht zurückdrängen wird. Die Periode der Ängstlichkeit, mit der man den grossen Plan der Centralbahn jahrelang hinter die Lösung einer verhältnismässig untergeordneten Frage, der Sanirung der Usambarabahn, zurückschob, wird hoffentlich für Reich und Reichstag in Zukunft überwunden sein.

Nur in der Kürze möchte ich nun noch einige Momente zur Sprache bringen, die bezüglich der raschen Durchführung des Centralbahnprojektes von Wichtigkeit sind. Will man nicht abermals eine Reichstagssession unbenutzt hingehen lassen, und wir hoffen, dass solches nicht in der Absicht des Herrn von Buchka und der gesamten Reichsregierung liegt, so wird schon sehr bald mit der Entschliessung der Übertragung an eine Privat-Eisenbahngesellschaft, auf Grundlage von § 4 der Vereinbarung vom 11. März 1895, und mit den Unterhandlungen über deren Finanzierung durch die von der Deutschen Bank geführte Bankiergruppe auf Grund des § 6 vorzugehen sein. Ob die im Oktober 1896 vor der vollständigen Vereinbarung stehenden Verhandlungen auf gleicher Grundlage — Zinsgarantie und Anteil an den Zollmehreinnahmen — fortgeführt werden sollen, ob man auf Landkonzessionen und Verleihung sonstiger Gerechtsame zurückgreifen wird, ob man an die Stelle von Zinsgarantien Betriebszuschüsse treten lassen will, oder ob noch andere Modalitäten und andere Kombinationen für die Kapitalbeschaffung aufgefunden werden, dies alles wird bei den einzuleitenden Verhandlungen in Betracht zu ziehen sein. Ein gangbarer Weg wird sich ohne Zweifel finden, wenn man nur ernst und rasch an die Sache herantritt. Where is a will, there is also a way. Im Reichstag dürfte für die Entschliessung übrigens noch ins Gewicht fallen, dass der Anschlag, Anlage K, für Zinsen aus dem Baukapital während der Bauzeit fast 1 Million Mark vorsieht, etwaige Reichszuschüsse für eine Eisenbahngesellschaft also erst in die Etats von 1903 oder 1904 aufzunehmen sein würden.

Befürchtungen einer Kapitalüberschreitung für die erste Strecke, die Geheimrat Bormann laut Anlage L auf 11 bis 12 Millionen veranschlagt, dürften aber um so weniger Platz greifen, als der Gouverneur General Liebert bereits begonnen hat, bei den durch die Eingeborenen auszuführenden Wegebauten auf die künftige Bahnanlage Rücksicht zu nehmen, so dass man sicher einen Teil der bedeutenden, im Anschlag mit M. 1,400,000 ausgeworfenen Kosten für Erdarbeiten ersparen oder, noch besser, die Bahn für die gleiche Anschlagssumme statt bis Mrogoro bis Kilossa weiterführen kann. Zudem wird sicher durch Abkürzung der, gegen Herrn Bormanns Ansicht, im Anschlag eingesetzten langen Bauzeit, eine bedeutende Ersparnis an Bauzinsen zu erzielen sein, wenn man nur rasch und energisch vorgeht.

Auch möchte ich schliesslich nochmals, obgleich dies in Anlage B schon genügend hervorgehoben ist, darauf hinweisen, wie mit der Ausführung der ersten Baustrecke Dar-es-Salâm-Ukami weder für Reich, noch Reichstag, noch Unternehmer eine formell oder materiell zwingende Verpflichtung zum weiteren Ausbau der ganzen Centralbahn übernommen wird. Ein Bahn nach Ukami kann heute, noch mehr als zur Zeit des Berichts an den Reichskanzler (siehe insbesondere Schlobach's Spezialbericht, Anlage L), als ein selbständiges und in absehbarer Zeit unbedingt rentabeles Unternehmen aufgefasst werden, da Gouverneur Liebert die durch diesen Bahnabschnitt aufgeschlossenen Landschaften, gerade vom Standpunkt des beabsichtigten Eisenbahnbaus aus, in neuester Zeit einer nochmaligen genauen Erforschung unter persönlicher Mitwirkung unterworfen hat, deren Resultat als ein geradezu glänzendes zu bezeichnen ist. Ukami soll sogar noch Usambara an Fruchtbarkeit übertreffen und dem Plantagenbau — der besten Verwendung für deutsches Geld in unsern Kolonien — die denkbar günstigste Grundlage bieten. Überhaupt kommt die ganze Entwickelung unseres ostafrikanischen Schutzgebietes allen Unternehmungen entgegen. Wesentlich trägt auch die vom Finanzdirektor Herrn von Bennigsen eingeführte Hüttensteuer, durch die Art ihrer Einziehung, zur Gewöhnung der Eingeborenen an ertragreichere Arbeit und damit Hand in Hand gehend, zur Entwicklung grösserer Konsumfähigkeit bei, sowie auch die strenge Durchführung der härtesten Strafen gegen den habituellen Kindermord ein bedeutenderes Steigen der Bevölkerungsziffer in sichere Aussicht stellt, ja ein solches schon sichtbar hervortritt. Auch die erfolgreiche Wirksamkeit der Missionare für die religiöse, sittliche und wirtschaftliche Erziehung der Eingeborenen kann nicht hoch genug anerkannt werden. Und Niemand wünscht die Centralbahn lebhafter herbei, als gerade die Missionare.

Wie aber der erste Bauabschnitt den Entschliessungen über die ganze Centralbahn nicht präjudicirt, so ist dies auch nicht bezüglich der Richtung der über Ukami hinausgehenden Verbindung mit beiden Seen der Fall. Die Vorschläge des Comites für die Richtungslinien der Centralbahn, wie sie auf der Karte eingezeichnet und von Herrn Bormann, Anlage G, generell erläutert sind, gründen sich nicht, wie der erste Bauabschnitt, auf eine genauere Tracirung, sondern konnten sich nur an die vielbegangene und durchforschte alte Karawanenstrasse anschliessen. Von Dar-es-Salâm bis Ukami, also für den ersten Bauabschnitt, kommt nun keine andere Linie als die vom Comite vorgeschlagene zur Sprache. Sollte es sich dagegen, durch Ermittlungen während der Ausführungszeit des ersten Abschnitts, ergeben, dass der Tanganyka oder Victoria Nyanza, oder beide Seen, auf anderen Wegen als über Tabora zweckmässiger, rascher oder billiger zu erreichen, der Tanganyka vielleicht statt in der Mitte am Südende, der Victoria-Nyanza statt im Süden im Südosten, oder gar (wie Hauptmann Schlobach neuerdings für erwägungswert hält), am Ostufer zu berühren seien, so steht nichts im Wege, die Tracen dementsprechend anders zu legen und die beiden Bahnlinien, statt in Tabora, schon viel früher, vielleicht schon in Kilossa oder vor Muapua, abzweigen zu lassen. An jedem Knotenpunkt würde bald ein neues Tabora entstehen. Zudem ist nicht ausgeschlossen, ja sogar höchst wahrscheinlich, dass inzwischen abbauwürdige goldführende Flötze oder Ablagerungen in unserem deutschen Schutzgebiet erschürft und die Bahnrichtungen hierdurch, sowie auch eventuell durch eine Verbindung mit der Rhodes'schen Transversalbahn, beeinflusst werden.

Die Bedrohung durch das Vorgehen der Engländer und Belgier mit konkurrierenden Bahnen und Projekten einerseits, und andererseits das energische Auftreten des Gouverneurs General Liebert, bei Gelegenheit seiner letzten Anwesenheit, zusammen wirkend mit der stetig fortschreitenden und durch die deutsche Kolonial-Gesellschaft, unter energischer Führung des Herzogs Johann Albrecht von Mecklenburg, mächtig geförderten Erkenntnis von der Bedeutung unserer Kolonien für deutsches Kapital, deutschen Unternehmungsgeist und ganz insbesondere auch für den, in gesteigerter Ausfuhr von Industrieprodukten lohnende Beschäftigung findenden deutschen Arbeiter, gestalten die Aussichten für das Zustandekommen dieser grössten unserer bisherigen Kolonialunternehmungen von Tag zu Tag günstiger. Und wenn auch die Anträge der Regierung für die nächste Reichstagsession sich nur auf den ersten Bauabschnitt beschränken sollten, so wird die Debatte sicherlich schon auf das ganze Centralbahnprojekt eingehen und seine Durchführung in absehbarer Zeit ausser Frage stellen. Ich gebe sogar die Hoffnung nicht auf, dass schon vorher Umstände eintreten, Wege gefunden werden könnten, die uns viel rascher das grosse Ziel erreichen lassen, als ich heute, ohne sanguinisch zu erscheinen, auszusprechen wage; ich knüpfe diese Hoffnung namentlich an die mit Rhodes in Berlin eingeleiteten Verhandlungen. Mit den grossen Zielen wächst auch deren Anziehungskraft. Möge Herr von Buchka, mögen alle zur Mitwirkung an dem Bau der deutsch-ostafrikanischen Centralbahn berufenen Organe, möge insbesondere auch eine intelligente und patriotische Presse sich von der wirtschaftlichen und kulturellen, der ethischen und politischen Bedeutung dieser Aufgabe durchdringen lassen, um sie einer raschen und glänzenden Lösung entgegenzuführen.

GPSR Compliance

The European Union's (EU) General Product Safety Regulation (GPSR) is a set of rules that requires consumer products to be safe and our obligations to ensure this.

If you have any concerns about our products, you can contact us on ProductSafety@springernature.com

In case Publisher is established outside the EU, the EU authorized representative is:

Springer Nature Customer Service Center GmbH
Europaplatz 3
69115 Heidelberg, Germany

Batch number: 10845480

Printed by Printforce, the Netherlands